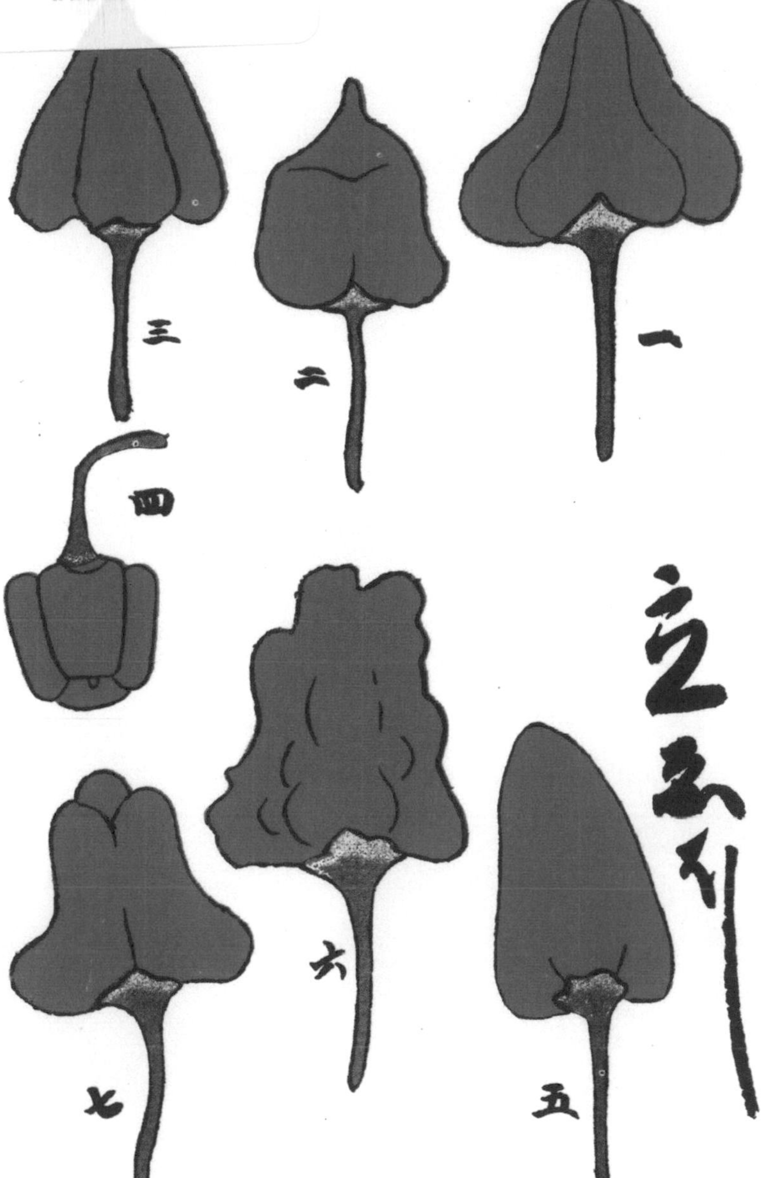

摘自平賀源內繪製的辣椒圖鑑《蕃椒譜》

辣椒　五種栽培品種

辣椒種（*C. annuum*）

花朵色白，廣泛栽種於世界各地。
日本的食用辣椒大部分屬於此品種。

中國四川的辣椒，燈籠椒、朝天椒、子彈頭辣椒。

墨西哥辣椒（墨西哥）

黃燈籠辣椒種（*C. chinense*）

栽種地區包含了中美到南美中部地區，
亞洲、非洲的熱帶、亞熱帶地區。
劇辣的辣椒大多屬於此品種。

❶

❷

❸

❹

❶原產於墨西哥猶加敦半島的哈瓦那辣椒（右），此種辣椒經篩選改良後，栽培出劇辣辣椒墨西哥紅色殺手（左），辛辣度57萬7000史高維爾指標（SHU） ❷原產於印度那加蘭邦的印度斷魂椒，辛辣度100萬1034史高維爾指標（SHU） ❸千里達毒蠍布奇T辣椒，辛辣度146萬3700史高維爾指標（SHU） ❹卡羅來納死神椒，辛辣度156萬9300史高維爾指標（SHU）

番椒種（*C. pubescens*）

特徵為擁有紫色花與黑色的種子。主要分布在安地斯山脈山麓、中美洲海拔1300～3000公尺的狹窄地帶。
在安地斯山地區稱作「Rocoto」，果皮（果肉）厚實，果實形狀與蘋果相似。

Rocoto（3種都是）

漿果辣椒種（*C. baccatum*）

特徵為白色花瓣上有淡綠色的斑點。
在南美以外地區罕見栽種。

❶❷ 主教的冠冕，❸ 漿果辣椒

❶

❷

❸

小米椒種（*C. frutescens*）

特徵為綠白色的花。果實較小，果實與花萼容易分離。主要栽種在中美洲到加勒比海各國、南美北部的地區。

❶ 吉雷．庫沙尼 辣椒（尼泊爾）❷ 原產於墨西哥塔巴斯科州的「塔巴斯科辣椒」（辣醬調味料「Tabasco」的原料）❸ 製作泰式酸辣湯Tom yum goong不可少的辣椒「Prik Kee Noo」（泰國）

❶

❷
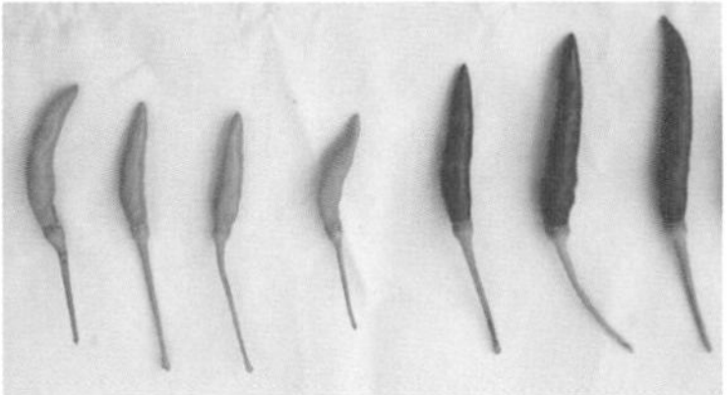
❸

祕魯

Rocoto鑲肉料理
肉餡辣椒
（Rocoto Relleno）
（松島憲一製作）

巴斯克地方（西班牙&法國）

❶

❷

❸

❶❷使用納瓦拉區產紅彩椒製作的鑲餡料理——紅椒塞肉（兩者皆是）
❸以巴斯克地方在來品種埃思佩萊特辣椒燉煮的巴斯克燉甜椒（照片中前方）與豬肉料理Ventreche（松島憲一製作）

義大利

❶

❷

❸

❶ 在辣椒裡填入鮪魚等餡料的辣椒鑲肉
❷ 將大型辣椒Peperone乾燥油炸成的乾炸甜椒
❸ 使用大量辣椒的卡拉布里亞區薩拉米腸風恩杜亞辣肉糊

匈牙利

❶

❷

❶ 使用大量紅甜椒的燉煮料理匈牙利湯（Gulys）
❷ 紅甜椒粉（左邊3包）

尼泊爾

❶

❷

❸

❶ 定食料理達八
❷ 以不丹南部謝姆岡宗農家所栽種的在來種達雷・庫沙尼（阿克巴・庫沙尼）製作的醬菜（右邊照片為加德滿都市場上販售的達雷・庫沙尼）
❸ 薩嘉利族人的風乾犛牛（一種牛）肉料理Yag Sukuti（左），以及這道料理不可缺少的綜合香料「Taymr」

不丹

❶

❷

❸

❶ 起士煮綠辣椒（Ema Datshi）
❷ 辣椒炒風乾牛肉（Shakam Paa）
❸ 不丹使用大量青椒烹煮的下飯菜餚「Eze」

中國・四川料理

❶

❷

❸

❹

❺

❶ 夫妻肺片使用滷過的內臟、牛腱肉切片，拌上含有大量辣油的醬料食用
❷ 調味酸甜辣口的魚香肉絲
❸ 口水雞，以辣椒、花椒、辣油調製醬料淋在雞肉上
❹ 小型辣椒小米椒的泡菜（酸味發酵）
❺ 以大量的辣椒與油炸過的雞肉一起拌炒而成的辣子雞丁

日本的辣椒在來品種

⓯

⓰

⓱

日本全國的辣椒在來品種

❶ 紫辣椒（奈良縣）
❷ 彌平辣椒（滋賀縣 未成熟狀態）
❸ 黃太胡椒（長野縣）
❹ 十久保南蠻（長野縣）
❺ 山科辣椒（京都府）
❻ 高遠TETO南蠻（長野縣）
❼ 獅子胡椒（長野縣）
❽ 與野南（滋賀縣）
❾ 唐（KARA）胡椒（長野縣）
❿ 圓鈍胡椒（長野縣信濃町）

京都的辣椒在來品種

⓫ 伏見辣椒
⓬ 山科辣椒
⓭ 鷹峰辣椒
⓮ 萬願寺辣椒

信州的辣椒在來品種

⓯ 菱之南蠻
⓰ 牡丹胡椒（中野市）
⓱ 鈴澤南蠻

辣椒的世界

松島憲一 著

晨星出版

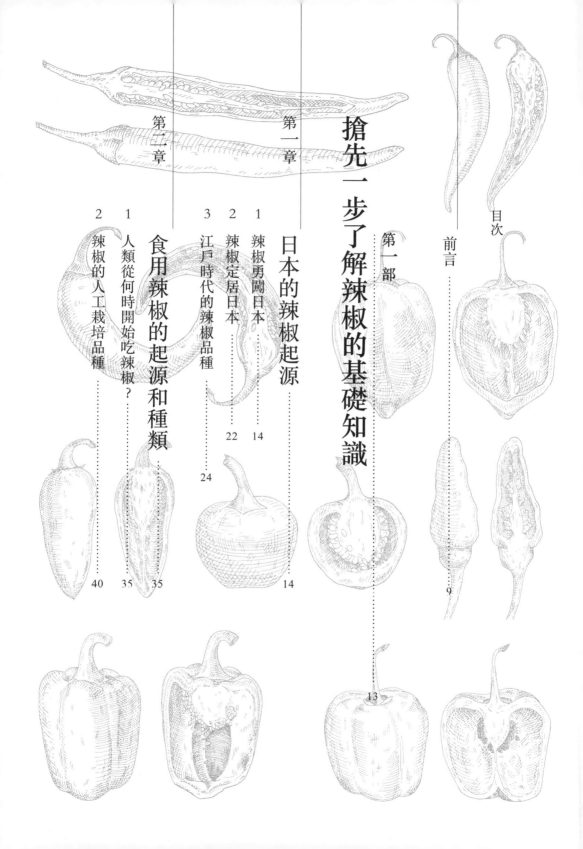

目次

前言 …… 9

第一部 搶先一步了解辣椒的基礎知識 …… 13

第一章 日本的辣椒起源 …… 14

1 辣椒勇闖日本 …… 14

2 辣椒定居日本 …… 22

3 江戶時代的辣椒品種 …… 24

第二章 食用辣椒的起源和種類 …… 35

1 人類從何時開始吃辣椒？ …… 35

2 辣椒的人工栽培品種 …… 40

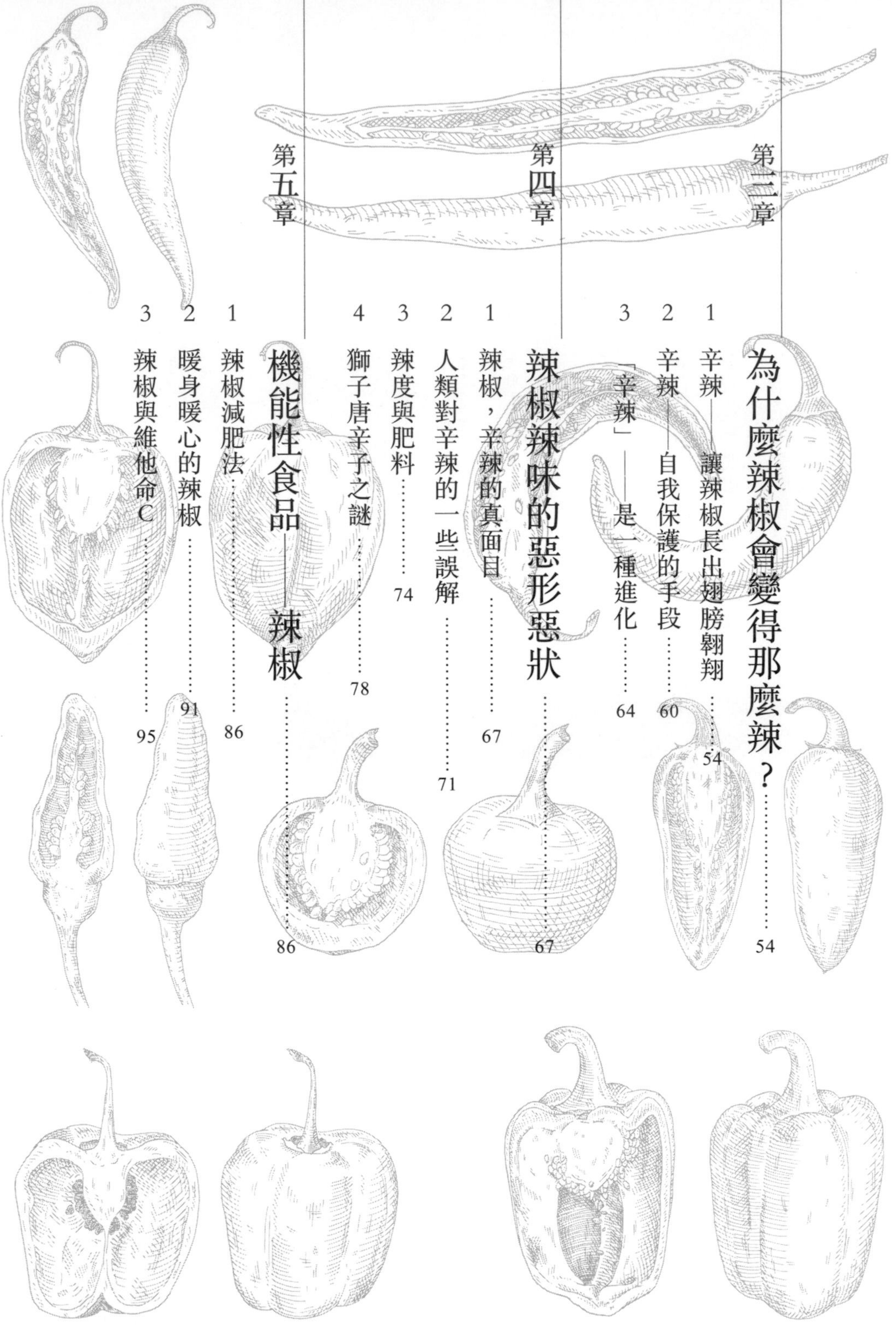

第三章 為什麼辣椒會變得那麼辣？……54

1 辛辣——讓辣椒長出翅膀翱翔……54

2 辛辣——自我保護的手段……60

3 「辛辣」——是一種進化……64

第四章 辣椒辣味的惡形惡狀……67

1 辣椒，辛辣的真面目……67

2 人類對辛辣的一些誤解……71

3 辣度與肥料……74

4 獅子唐辛子之謎……78

第五章 機能性食品——辣椒……86

1 辣椒減肥法……86

2 暖身暖心的辣椒……91

3 辣椒與維他命C……95

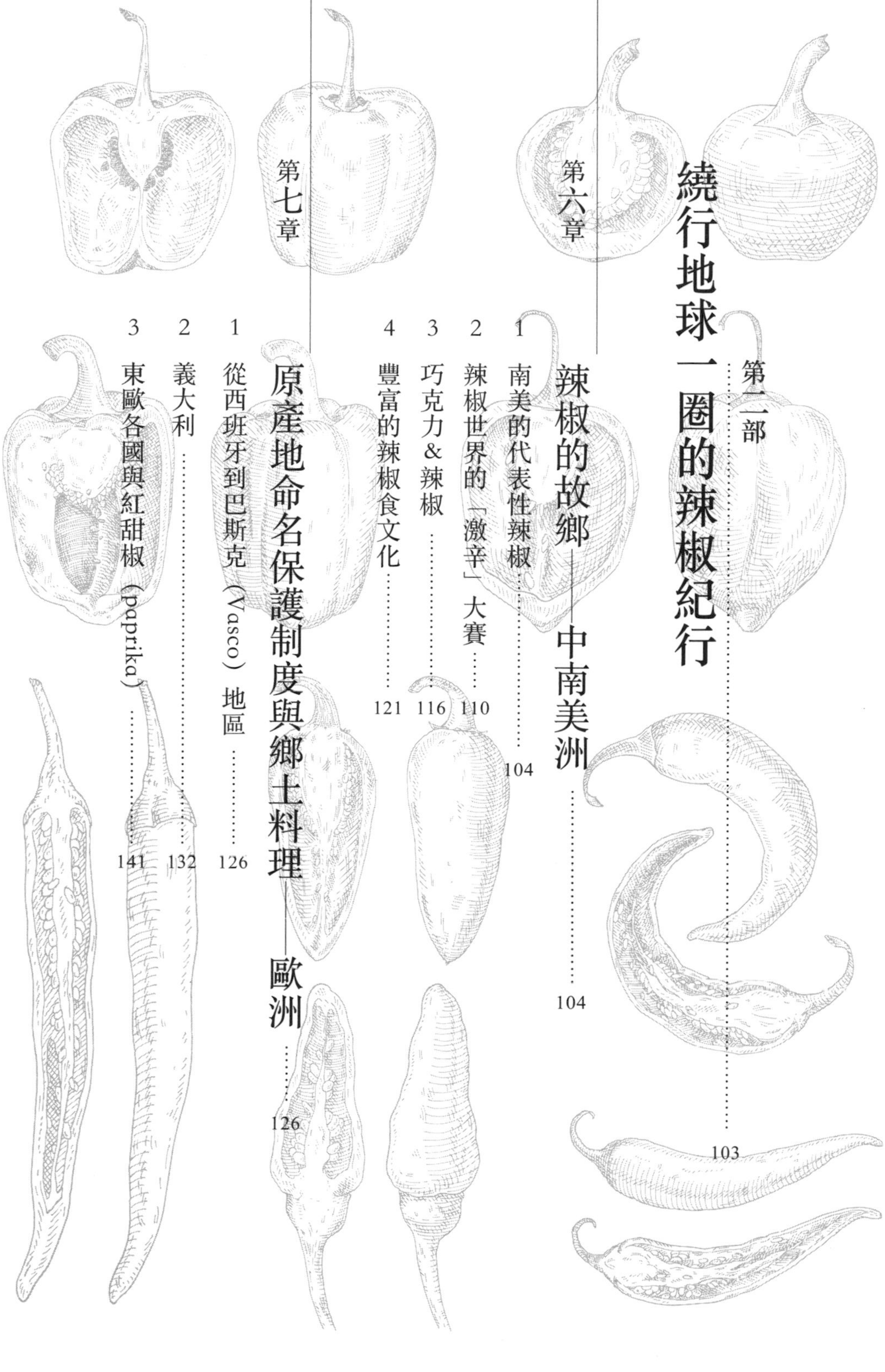

第二部 繞行地球一圈的辣椒紀行……103

第六章 辣椒的故鄉——中南美洲……104

1 南美的代表性辣椒……104

2 辣椒世界的「激辛」大賽……110

3 巧克力&辣椒……116

4 豐富的辣椒食文化……121

第七章 原產地命名保護制度與鄉土料理——歐洲……126

1 從西班牙到巴斯克（Vasco）地區……126

2 義大利……132

3 東歐各國與紅甜椒（paprika）……141

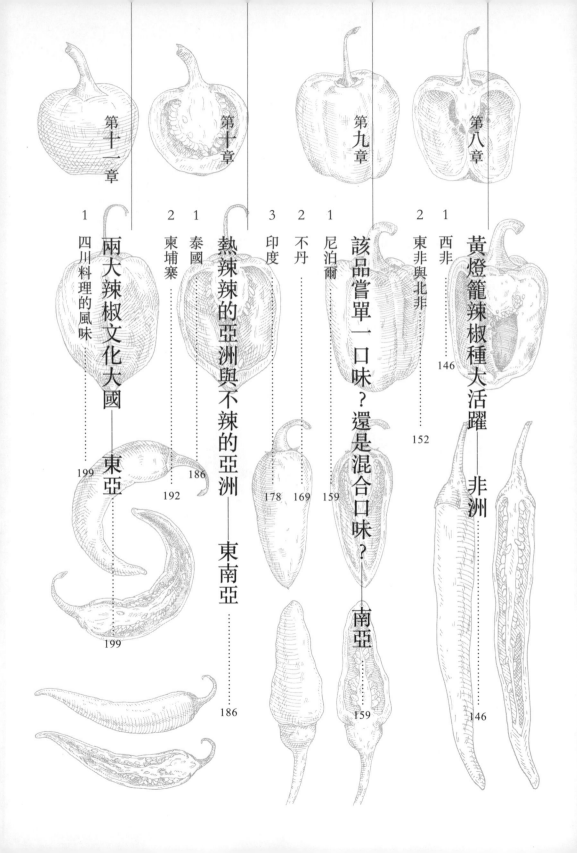

第八章 黃燈籠辣椒種大活躍——非洲……146
1 西非……146
2 東非與北非……152

第九章 該品嘗單一口味？還是混合口味？——南亞……159
1 尼泊爾……159
2 不丹……169
3 印度……178

第十章 熱辣辣的亞洲與不辣的亞洲——東南亞……186
1 泰國……186
2 柬埔寨……192

第十一章 兩大辣椒文化大國——東亞……199
1 四川料理的風味……199

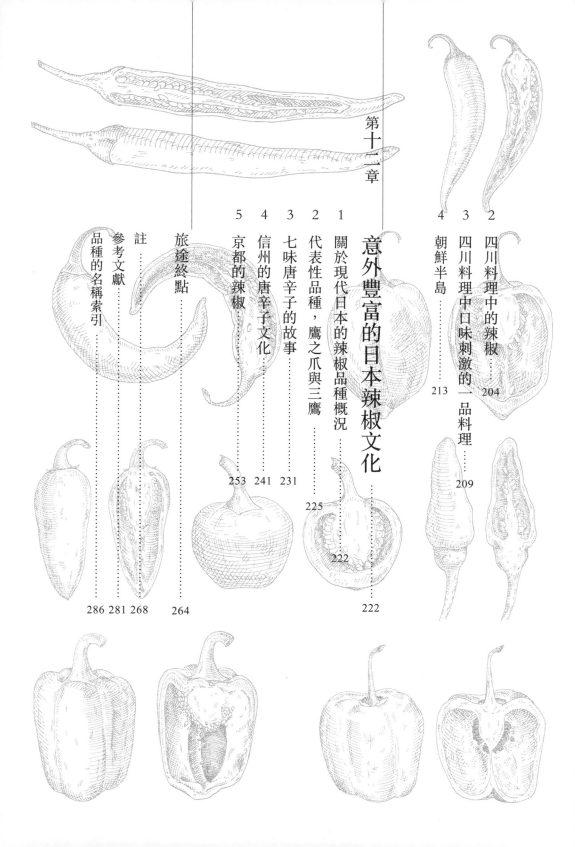

2 四川料理中的辣椒……204
3 四川料理中口味刺激的一品料理……209
4 朝鮮半島……213

第十二章 意外豐富的日本辣椒文化……222
1 關於現代日本的辣椒品種概況……222
2 代表性品種，鷹之爪與三鷹……225
3 七味唐辛子的故事……231
4 信州的唐辛子文化……241
5 京都的辣椒……253

旅途終點……264

註……268
參考文獻……281
品種的名稱索引……286

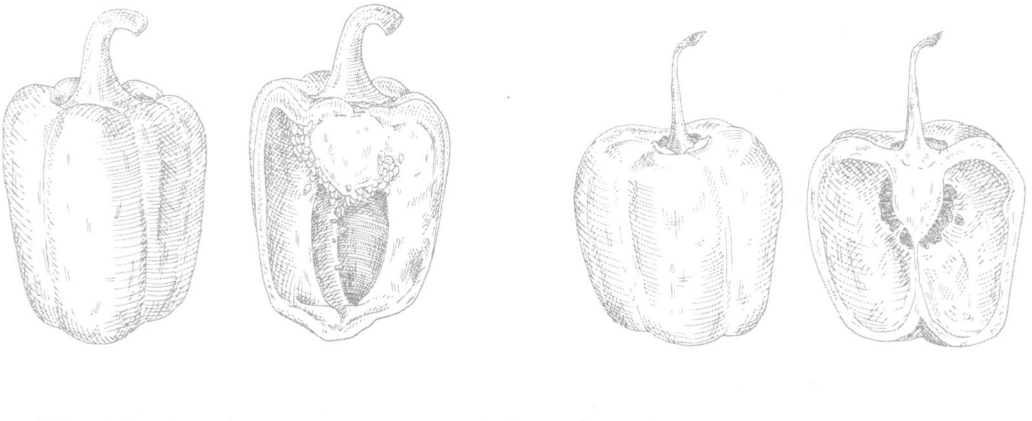

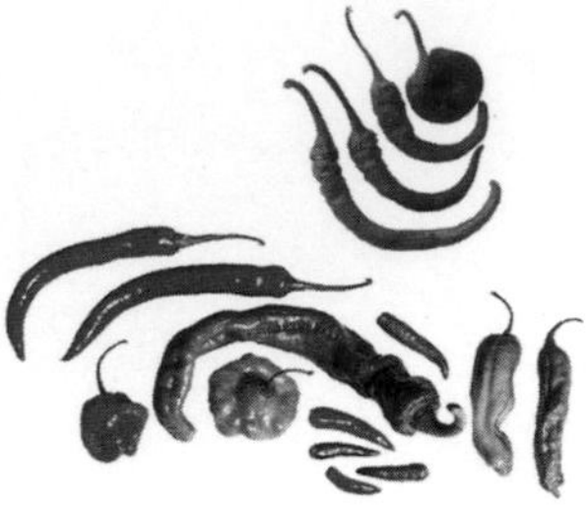

前言

在每天的飲食當中，很多人非常在意餐桌上的蔬菜產地，但可能從來沒有人思考過眼前的農作物起源於何處？人類從什麼時候開始食用？然而，在這些蔬菜發展至今的幾千年歷史當中，流傳到世界各地幾萬公里的旅途過程裡，蘊藏著人類與該作物之間的祕密。

本書的主角辣椒，起源於中南美洲，原本只是一種野生植物，後來經人類栽培後，辣椒加入了農作物的行列。之後又經過漫長的歷史與旅程來到地球的另外一端——日本。

辣椒的流傳，經歷的不是單純的旅途，在辣椒經過的每個地區或國家，都成為代表當地飲食文化的辛香料，也在當地確立了作為蔬菜的地位。例如在印度、不丹、泰國、韓國、中國的四川省與湖南省，都建立起喜愛辛辣料理的飲食習慣。即使在距離辣椒起源地中南美千里之遙的亞洲各國和地區，辣椒儼然成為當地料理不可或缺的一員。少了辣椒紅的泡菜、少了辣味的咖哩、不辣的麻婆豆腐，光是想像就覺得食物變得沒滋沒味。少了滋味不說，在沒有辣椒的時代裡，泡菜不叫泡菜，也沒有名為咖哩和麻婆豆腐的料理吧。

亞洲地區自古以來就有胡椒、山椒、生薑等等的辛香料，在辣椒尚未傳到亞洲之前，這些土生土長的辛香料應該就已經用來為料理添加辣味了。但現在談到辣味時，辣椒卻是壓倒群芳、獨占鼇頭的唯一明星。亞洲土生土長的辛香料連要當個替代角色都沾不上邊。在一片土地上，當人們的飲食習慣接納了辣椒，辣椒就成為提到辣味時獨一無二的存在。

除此之外，辣椒不僅被當作辛香料使用，在世界各地的飲食習慣中也將之當作蔬菜食用，影響甚廣。色澤豔麗的紅甜椒（paprika，辣椒的栽培品種，青椒的一種）不僅經常出現在西班牙、義大利等南歐各國的料理中，東歐各國也經常將之入菜，是餐桌上不可或缺的蔬菜。

說起來，我造訪過許多國家和地區，吃過各式各樣的辣椒。雖然各處的氣候風土各有特色，居民的民族性與文化也天差地遠，但是不論在哪個國家地區，辣椒都被當成重要的辛香料，是日常餐飲當中必不可少的一道。

辣椒是怎麼成為世界各地重要且深受喜愛的農作物呢？

要解開這個謎，必須從「科學」的角度來看辣椒這種植物，還需要檢視辣椒與人類的關係與歷史。

因此，在本書的第一部將穿插科學的角度與歷史的觀點，解釋辣椒的起源與傳播，以及辣椒辣味的真面目。

緊接在第二部中，將介紹目前世界各地有哪些辣椒品種，以及日本國內栽種的品種與食用的方式。

另外原作讀者在閱讀的過程中可能也注意到了，在學術性文章的日文書寫上，表示植物種名時會採用片假名書寫，本書也遵循這套規則，在提及辣椒這種植物時會以辣椒的片假名「トウガラシ」表示，意味著辛香料或蔬菜等食物時則會以漢字「唐辛子」表示。同時意味著植物品種與辛香料、蔬菜時，則與前者相同，以片假名書寫。

今天，在日常端上餐桌的料理中，添加辣椒已是自然不過的事了。儘管辣椒已經完全融入我們的日常生活當中，但是希望透過本書讓更多人知道，辣椒是多麼偉大且豐富的農作物。

第一部

搶先一步了解辣椒的基礎知識

第一章　日本的辣椒起源

1　辣椒勇闖日本

都是哥倫布起的頭

辣椒漫長的歷史中，在西元一四九二年面臨了一個巨大的轉折。這一年八月，克里斯多福．哥倫布（Christopher Columbus）的船隊離開西班牙巴羅斯港（Palos de la Frontera）抵達美洲大陸，在巴哈馬群島之中的聖薩爾瓦多島（San Salvador Island）登陸。後來，哥倫布在西印度群島中的西班牙島（La Española，目前由海地共和國與多明尼加共和國統治）停留了一段時間，當時，他在日記裡將當地的辣椒記載為「Aji」。原本僅生長在中南美洲的辣椒因為哥倫布的關係，開啟了邁向世界的大門。隔年，隨同哥倫布第二次航海的船醫記錄了當地人如何使用辣椒。

哥倫布不只留下了關於辣椒的文章，在他於西元一四九三年所寫的紀錄中，記載了他在西元一四九二年第一次航海時曾經攜帶了數種辣椒回去西班牙。

後來，辣椒就流傳到歐洲各地。在五十年後的西元一五四二年，德國植物學家萊昂哈特・福克斯（Leonhart Fuchs）記錄了辣椒植物體的圖面與說明，並在西元一五八五年記載了在西班牙的卡斯蒂亞（Castilla）地區以及捷克的摩拉維雅（Moravia）地區栽種辣椒的紀錄。

一段時間後，辣椒在歐洲普及開來，並且留下了足以說明西班牙與捷克有辣椒栽種的紀錄。幾乎就在同一時期，西元一五九三年也有資料顯示在印尼的摩鹿加群島（Moluccas Islands）以及印度西南部的卡利庫特〔Calicut，今天的科澤科德（Kozhikode）〕也有栽種辣椒。從這裡可以推斷，辣椒在歐洲普及並獲得人們接納以前，早已傳入到亞洲，差不多在同一時間成為栽種作物。

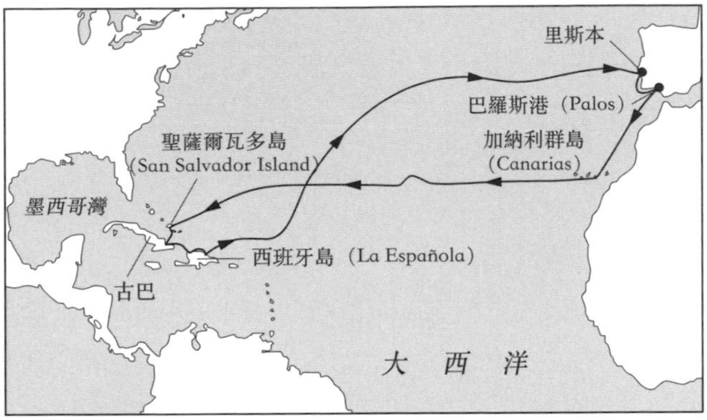

哥倫布首次航海的航線

辣椒在天文年間經由南蠻人傳入日本的說法

那麼，辣椒又是什麼時候來到日本？關於辣椒傳入日本的時期有好幾種說法。

最早有關辣椒傳入日本的紀錄是在西元一八二九年，出現在江戶後期的農政學者佐藤信淵所寫的《草木六部耕種法》中。書中記載辣椒是在西元一五四二年（天文十一年）由葡萄牙人帶進日本。而且在該書中，也描述了這些辣椒被拿來獻給豐後國國王大友宗麟（義鎮）的情形。除此以外，南瓜等各式各樣作物的種子也是在天文年間（西元一五三二年～一五五五年）被帶進日本。

但是這份紀錄的可信度有幾個問題。首先是大友宗麟誕生於西元一五三〇年（享祿三年），西元一五四二年時他才十二歲。直到西元一五五〇年（天文十九年）他才登基，所以時間上有所矛盾。而且前面也提過，德國最早的紀錄出現在西元一五四二年，西班牙、捷克的栽培紀錄是西元一五八五年，德國、印尼的栽培紀錄則是西元一五九三年。如果辣椒在一五四二年傳入日本的說法正確，儘管已是哥倫布發現美洲新大陸的五十年後，辣椒傳入日本的速度仍然過於迅速。

辣椒經由朝鮮半島傳入日本的說法

繼《草木六部耕種法》後，第二個顯示辣椒傳入日本的說法是，辣椒是豐臣秀吉出兵朝鮮（西元一五九二年～一五九八年）時從朝鮮半島帶回日本。這個說法出現在比較多的文獻中，包括本草學者、同時也是儒學學家貝原益軒的《大和本草》（西元一七〇八年）、俳句詩人菊岡沾涼的《本朝世事談綺》（西元一七三三年）、俳句詩人越谷吾山的方言研究書《物類稱呼》（西元一七七五年）、國學學者谷川士清的《和訓栞》（西元一七七七年）以及曾槃等人編纂的《成形圖書》（西元一八〇四年）。此外，貝原益軒在《大和本草》之前所著作的《花譜》（西元一六九四年）中也記載了同樣的說法。這些情形可能是因為江戶前期的大學者貝原益軒的記述對後世的文獻產生了莫大影響所造成。

另一方面，檢視朝鮮半島的紀錄可以看到在西元一六一四年，當時李氏朝鮮的文臣李睟光在朝鮮第一本百科事典《芝峰類說》中，記載了辣椒自日本傳來的內容，描述辣椒是自倭國傳來的「倭芥子」。這種辣椒是豐臣秀吉出兵朝鮮時，從日本帶到朝鮮半島的說法雖然時有所聞，但這份文獻中，只記載辣椒從日本傳入朝鮮，但卻對傳入的時期、過程沒有任何描述。

慶長年間南蠻人將辣椒帶入日本的說法

緊接在豐臣秀吉出兵朝鮮的說法以後，歷史第三個出現的說法是，辣椒是在長慶年間（西元一五九六年～一六一五年），以及慶長一〇年（西元一六〇五年），由南蠻人（葡萄牙人）帶著辣椒與香菸傳入日本。元祿年間的醫師兼本草學者人見必大所撰寫的《本朝食鑑》（西元一六九七年），以及江戶時代中期的醫師寺島良安所編撰的《和漢三才圖會》（西元一七一二年）都記載了這個說法。不過細讀《和漢三才圖會》可以發現，在「蕃椒」項目中，記載了辣椒是在慶長年間傳入日本，但是在「菸草」項目中，卻記載著菸草傳入日本的時期是天正年間（西元一五七三年～一五九二年），同一份文獻中的內容顯然自相矛盾。

辣椒在慶長年間由南蠻人傳入日本的說法除了出現在《本朝食鑑》、《和漢三才圖會》，也出現在其他的文獻中。前面有關朝鮮半島說法中談到菊岡沾涼的《本朝世事談綺》一書中也有記載，同時也敍述了朝鮮半島說與南蠻人說兩種說法。此外，元祿時期的尾張藩士天野信景的隨筆《鹽尻》中，雖然未談到時期，但確實記載了辣椒與香菸同時傳入日本。

除了以上三種說法外，也有其他幾份文獻提及辣椒傳入日本的相關內容。例如記載有前述朝鮮半島說的《成形圖說》中，雖然未提到辣椒是由何人傳入日本，但是也描述了辣椒是在元祿時期（也就是豐臣秀吉第一次出兵朝鮮時）與香菸同時傳入日本。此外，對馬府中藩士的歷史學家藤定房所撰寫的《對馬編年略》（西元一七二三年）中，記載了辣椒是在長慶一〇年（西元一六〇五年）時從朝鮮半島傳入。另外，西元一六八四年發行、由向井元升所寫的《庖廚備用倭名本草》中，記載著「近來從南蠻傳入長崎」，文中出現了其他文獻未曾記載的地名「長崎」，清楚點出了辣椒傳入日本的窗口位置。「近來」這個說法雖然看不出和這篇文章的書寫時間相差多久，但是比起前述幾種說法，這份文獻的時間顯然較其他文獻來得晚。

各種傳入說法的考察

根據前面的說法，辣椒大約是在安土桃山時代，最晚也在江戶時代初期傳入日本，但是包括這三種說法在內眾說紛紜，讓人眼花撩亂。截至目前已經有許多研究人員整合或修正這些說法，慢慢拆解其中糾結之處。

例如滋賀縣立大學的榮譽教授鄭大聲[1]教授，他所主張的說法是①在朝鮮的文獻《芝峰類說》中，記載了辣椒從日本傳到朝鮮半島；②在日本的文獻中，辣椒原本有「高麗胡椒」與「南蠻胡椒」兩種名稱，但是到了十六世紀中期以後，只剩下「高麗胡椒」一種通稱；③彙整辣椒傳入日本的說法得知：辣椒是由葡萄牙人帶到九州，然後先被帶往朝鮮半島，之後又被豐臣秀吉的軍隊帶回日本。

另外，橫濱保育福祉專門學校的休斯美代[2]教授認為，貝原益軒的《花譜》中談到辣椒的辭彙有「高麗胡椒」與「南蠻胡椒」兩種，因此顯示辣椒的傳播途徑分為經過高麗（高麗＝朝鮮半島）以及透過南蠻（葡萄牙人）兩條路徑。

看過這些說法後，即使讀者詢問筆者的看法如何，筆者一時也答不出來。

站在我的研究領域立場，若要解決這道難題，首先我會比較日本的辣椒與中國、韓國、印度、葡萄牙等辣椒的ＤＮＡ，透過相似性的分析，釐清當初的傳播途徑。不過，辣椒傳入日本至今已經過約四百年的時間，今天的辣椒和當年的辣椒早已出現差異。當初的辣椒基因恐怕已經受到後來傳入日本的辣椒品種影響。因此，即使採用這個方法恐怕也難以獲得理想的結果。

那麼，我們該如何面對這個問題呢？

想想當時的物流狀況，走海陸的速度應該比陸路還快。如果這個推論正確，哥倫布帶回西班牙的辣椒，由南蠻人乘船直接將辣椒帶到日本的速度，恐怕比經過陸路抵達中國，然後經過朝鮮半島抵達日本的速度更快，這樣的推理應該比較符合事實吧。所以我認為，辣椒應該是從葡萄牙傳入日本，然後從日本傳到東亞的各個地區。

前文介紹的幾種說法都沒有明確的證據足以佐證，但於此同時，也沒有任何根據能夠斷言各項說法的錯誤。從我個人的角度來看，每一種說法中，都涵蓋了一部分的正確性。

因為一種作物傳到其他地區、國家，並且在當地栽培，成為當地飲食習慣的一部分，這個結果絕不會單純因為一次的傳入就發生。辣椒的傳入，應該是經由不同路徑，經過多次的傳入被帶入日本，在此過程中，辣椒逐漸在日本落地生根，成為當地的一種作物，這樣的推論或許較符合實情。

2　辣椒定居日本

江戶時代以前的辣椒栽培紀錄

接著我們來看看，這個大約在西元一五四二年到一六八〇年間由葡萄牙人帶到日本，或者是從朝鮮半島傳入日本的辣椒，當時的日本人是否立即就接受了那股辣味？我們來一窺辣椒傳入日本當時的情況。

在奈良興福寺的「塔頭」多聞院僧侶的日記《多聞院日記》中，記載了在文祿二年（西元一五九三年）的二月，日記主人向人索來了「KOSEU」（胡椒）的種子栽種。作者描述這個「KOSEU」（胡椒）長有紅色袋狀的果實，果實內有種子，味道辣得驚人。在這項敘述中，應該是錯把辣椒當胡椒了。而且日記中記載著「有人教我，只需在茄子的栽種季節裡播種即可」，可見當時已經對栽培方式有一定的認識。

如果這本《多聞院日記》的日期正確，至少在豐臣秀吉出兵朝鮮半島時，奈良已有栽種辣椒。不過這也許只是發生在一位僧侶身上的單一事件，他向人索來珍貴的舶來品植物——辣椒的種子，嘗試進行栽種。因此，當時辣椒或許並未普及開來。不過，在這麼早的時期就出現辣椒的栽培紀錄還真是有趣。

辣椒在日本落地生根一百多年

接著來調查江戶時代初期、前期文獻中，關於辣椒的記載內容吧。

在天和年間（西元一六八一年～一六八四年），三河地方的農業書《百姓傳記》中有如下的紀錄。

紅色細長的果實有大有小。也有短小紅色，散發各種氣味的品種。此外還有轉為紅色後持續成長的類型。色黃且大小不一的也時有所見。有下垂型也有朝天生長的。不論形狀如何，其味道都相同。大多數果實個頭愈大辣味愈溫和，個頭愈小辣味愈強烈。（中間省略）紅色的較早生，黃色的較晚生，古農如此口傳。

此外，在原任福岡藩士的宮崎安貞之著作中，於西元一六九七年發行、日本最早的農業書籍《農業全書》中也提到：「其果實有紅有紫有黃，有朝天生長也有朝地垂下。有大有小，有長有短，有圓弧方形，其品種各式各樣。」

從這些文獻可看出，早在江戶時代的前期，辣椒的栽培與生產早已在日本生根，栽培的品種繁多。辣椒在安土桃山時代傳入日本，經過了一百多年進入江戶時代，這時候日本人顯然早已徹底接受了辣椒。此外，書中記載的辣椒品種十分多樣，也顯示從國外傳來的辣椒種類繁多的事實。

江戶時代民間盛行一種嗜好，就是改良牽牛花的品種，於是在日本出現了各式各樣、品種豐富的牽牛花。至於辣椒，或許就和牽牛花一樣，品種改良相當發達，已達到某種程度。不過考慮到辣椒傳入日本的時間，應該是在西元一六三三年幕府下達鎖國令告一段落以後發生，所以如前文談過的，辣椒應該是透過多次的傳播進入日本，而且每次都有各種不同的品種傳入。

3 江戶時代的辣椒品種

品種數量高達八十種

地區	辣椒名稱
北海道、東北地方（松前、陸奧、盛岡、仙台、出羽、米澤、會津）	江戶南蠻、鬼縮、柿蕃椒、金南蠻、金時、釘蕃椒、吳須南蠻、小南蠻、五分南蠻、鈴南蠻，空鳴，空吹南蠻，鷹之爪南蠻、俵南蠻、天狐南蠻、天井鳴、虎尾南蠻、仲南蠻（長南蠻）、七鳴（七成南蠻）、寶槻南蠻（錦燈籠、鬼燈、酸漿蕃椒）、丸南蠻、八重成、八實蕃椒
關東地方（水戶、下野國、下總）	外良、薑黃辣椒、江戶辣椒、大辣椒、奧辣椒、柿辣椒、胡頹子辣椒（胡頹子椒）、金平、崎野嘴、島買、空野椒、靄野椒（長辣椒的一種）、天上、天上真振、鳶口（鳶嘴）、虎尾（長辣椒的一種）、長辣椒（長椒）、八成辣椒（八個成、八成）、寶槻、六角、早生辣椒
北陸地方（佐渡、信濃、加賀、能登、越中、越前）	江戶南蠻、奧和辣椒、柿南蠻、吉太夫、吉藤治、黃南蠻、笹木南蠻（篤紀南蠻）、空向南蠻、天地南蠻（天地真振）、天道真振、長南半（長南蠻）、八成南蠻（八房南蠻）、百鳴南蠻（百成南蠻）、細南蠻、寶槻南蠻（鬼燈南蠻、錦燈籠、鬼燈，酸漿辣椒）、丸南蠻
東海地方（伊豆、遠江、駿河、尾張、美濃、飛州）	赤、阿奴木、牛尾，江戶（江戶辣椒）、蟹足、黃（黃椒、金南蠻、黃辣椒）、貴太夫（貴大夫、貴代夫）、芥子南蠻、珊瑚椒、千成（千椒）、空南蠻、小辣椒、縮椒、朝鮮、天地護（天竹守、天地守、天竹護）、土椒、土椒南蠻、仲（長辣椒）、七成（七成椒）、南金、八志保、八成奴南蠻、日向、節長、寶槻（鬼燈、寶槻南蠻）、錦燈籠、丸（丸南蠻）、微塵（微塵椒）、麥殼
近畿地方（和泉、紀州、山城）	項垂、黃唐辛子、櫻唐辛子、仲唐辛子、七成、寶槻唐辛子、丸辣椒
中國地方（隱岐、出雲、備前、周防、長門）	赤辣椒、黃辣椒、白辣椒、天辣守、長唐辛子
九州地方（筑前、對馬、壹岐、肥前、豐後、肥後、日向）	榎子蕃椒、烏帽子蕃椒、圓蕃椒、大蕃椒、鬼燈蕃椒、兜蕃椒、金蕃椒、櫻後世椒、櫻蕃椒、千矢先、千矢蕃椒、千生蕃椒、竹節蕃椒、月之瀨後世椒、登高椒、八生蕃椒、一名 天笠蕃椒、針蕃椒、總生椒、丸椒、蚯蚓蕃椒、四頭蕃椒

《享保 元文諸國產物帳》中刊載的辣椒品種名稱（山本宗立統計）
摘錄自山本紀夫著作《辣椒讚歌》（日本八坂書房）

日本人在江戶時代前期為止，已經接納了許多辣椒品種的傳入，但是當時栽培的辣椒有哪些種類呢？在江戶時期的文獻當中曾經提及一些品種，這裡分別一一介紹，同時來考察辣椒品種的狀況。

在說明辣椒傳入日本的各種說法時，筆者曾經提到了一本書，《和漢三才圖會》（西元一七一二年）。在這本著作的內容中，寫著「有品種數種，有形狀如毛筆穗者，如錐栗果實者，如毛櫻桃（*Prunus tomentosa*）者，如無花果者，或者累累成串，或者朝天生長，不熟時呈綠色，成熟後呈紅色或黃紅色」，文中介紹了辣椒的形狀、色澤的豐富多樣。

在那之後不久，從西元一七三五年（享保二〇年）到西元一七三八年（元文三年），幕府為了掌握轄下諸藩的物產，命令本草的學者丹羽正伯醫師編纂了《享保・元文諸國產物帳》，在這本書中也刊載了所有關於辣椒的調查結果。根據書中的記載，日本各地大多都有栽種辣椒。鹿兒島大學的山本宗立[3]教授就彙整了一份辣椒品種表，表中將同名的辣椒視為一種，整理以後經過清算，發現日本竟然存在多達八十種的辣椒品種。

平賀源內的辣椒圖鑑

以靜電發電機實驗以及喊出「土用丑日吃鰻魚」此一口號而聞名的平賀源內，他的一生非常精彩，不過卻很少人知道他曾經寫過一本辣椒圖鑑。在他的著作《蕃椒譜》（年代不明，本書彩頁 i 頁）中，他將辣椒分類為長之類、短之類、方之類、圓之類、甜蕃椒的大類，同時也繪製了高達六十一種品種的辣椒圖示，書中形狀美麗、種類豐富的各種辣椒美不勝收，讓人百看不厭。

辣椒甚至出現了新品種

此外，前文介紹辣椒傳入日本的歷史時，曾經提及文獻《成形圖說》（西元一八〇四年）。這本書是薩摩藩主島津重豪命令擁有醫師身分兼蘭學（西洋學術）學者身分的曾槃，以及國學學者白尾國柱進行編纂的農業書，在這本書中也記載了許多辣椒的品種，其名稱如下。

其果實重疊，色澤深紅可愛，形狀或如毛筆穗者，或如錐栗果實者，或如毛櫻桃者，也與朴子果實類似，或者累累成串，或者朝天生長，其大小或長或短，尖圓肥瘦亦有雅趣，大型者果實長達五六寸。莖長將近七八尺，頃間花師栽種者命名一丈紅。小者如鴿爪，命名鷹之爪。圓大如王瓜者，形狀微尖，命名胡頹胡椒。圓而小如南天竹者，其果實朝天，稱為天上守等等。或有下垂者稱作垂胡椒或下胡椒。有一種肥短味不辣口味甘甜者，此稱作甘唐辛子，黃熟者又稱黃唐辛子，如金柑者稱作金柑唐芥子。其種族繁多，入皇國而變生。

文中介紹了各式各樣的辣椒，十分有趣。不僅是品種豐富，更有趣的是文中「入皇國而變生」的描述。這段文字顯示了在那之前，不知是出於刻意的品種改良，或者因為偶然的自然交配或突變，日本國內的辣椒品種出現了品種的分化。

昔日豐富的多樣性更甚於今

另外，在江戶後期佐藤信淵所著的經濟書籍《經濟要聞》（西元一八二七年）中，也出現了各種辣椒品種的紀錄：「蕃椒有數種，長至兩丈餘者命名為十丈辣茄，也有如小龍葵者，命名為金橘茄，其果實有圓形如茄子者，或有長如筆管達兩尺餘者，顏色有深紅有黃色。」除此之外，明治時代的初期，伊藤圭介所寫的《番椒圖說》中也記載了五十二種辣椒品種。

根據以上文獻，顯示在西元一六八〇年左右已經確認了數種辣椒品種的存在，在西元一七〇〇年代日本全國已栽種著各式各樣的辣椒。文獻記載中，也出現了與今日日本栽種品種不同形態的辣椒品種，顯現江戶時代的品種多樣性可能遠勝於今天，這對研究辣椒遺傳與育種的研究人員來說實在趣味十足，引人入勝。

除此以外，在平賀源內的《蕃椒譜》中有一個甜蕃椒的分類，指的是甜的辣椒，其內只涵蓋一個品種而已。而且在《成形圖說》中也有出現「甘唐辛子」的敍述，表示在當時已經存在不辣的辣椒，即使數量不多但也開始栽種。不辣的辣椒到底是日本育種培養的，還是從國外傳入後繼續栽種的，這個問題找不到答案。不過，在那時代以前的文獻中未曾出現相關的記載，在《蕃椒譜》中也有一段文字描述「不知者初次不信，試嘗少許而大驚」，也就是當時的人並不相信世上也有不辣的辣椒，品嘗之後非常訝異，或許甜辣椒就是那時候剛出現的新品種。

辣椒的知名產地——新宿

江戶時代，透過《享保・元文諸國產物帳》的記載，可確定在日本全國各地已有辣椒的栽種，其中還有幾處知名的「產地」。前文提過的《經濟要錄》中，談到了「下野之國日光以及江戶內藤新宿之名產」，顯示今日的栃木縣日光市以及江戶的內藤新宿都是辣椒的名產地。

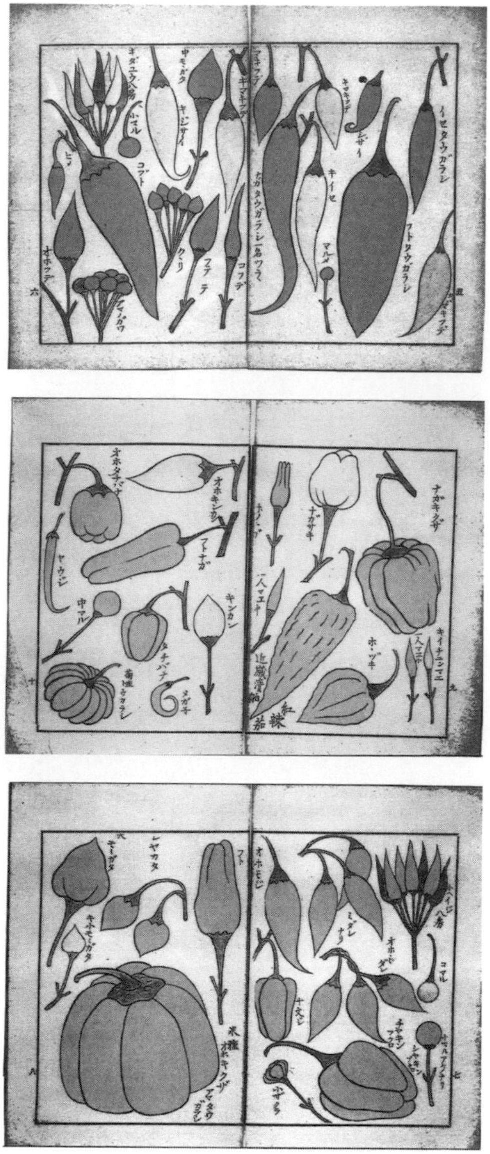

伊藤圭介的《番椒圖說》

栃木縣的日光地區目前仍有名為「日光辣椒」的在地品種，果實形狀細長，經過鹽醃後外裹紫蘇製成的「紫蘇捲」十分有名（參照第十二章）。

另外，所謂的「內藤新宿」指的是在元祿期間，高遠藩主內藤家將自己宅邸中的建築物（通稱下屋敷）拆除，建設成宿場町。宿場町的位置相當於今日的新宿區從新宿一丁目到二丁目、三丁目一帶的地區。根據文化年間、文正年間（西元一八〇四年～一八三〇年）的武藏國地誌《新編武藏風土記稿》的記載，從其「世間稱之為內藤蕃椒」來看，在當地已有辣椒的栽種，而且也可看出辣椒在當時已頗富盛名。

順帶介紹，有一段有關七味唐辛子的宣傳話術，這個話術從當時流傳至今仍持續使用中，其中提到「採用江戶內藤新宿八房的炒唐辛子」。由此可見，內藤新宿栽種的辣椒中有一種稱作「八房」的品種。八房是一種向上結果實的品種，在平賀源內的《蕃椒譜》中也有記載，目前在一般的種苗公司都可以買到八房的種子。

我曾經幾次聽說「內藤辣椒」的大名，之所以稱作「內藤辣椒」，是因為辣椒栽種在內藤家宅邸的菜園內，所以被稱作「內藤辣椒」，但是這個說法可能來自於芳賀善次郎於《新宿的今昔》[4]的描述，他寫道：「這是因為栽種在內藤宅邸內的菜園子中而得名。」

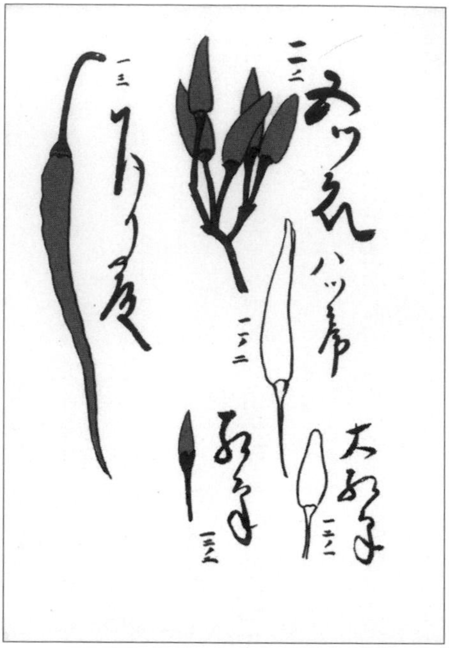

平賀源內《蕃椒譜》中描繪的八房品種辣椒

但遺憾的是，芳賀善次郎並未記載這個說法的起源，也未提到可以證明辣椒栽種在內藤家宅邸內的具體證據。文中又接著描述到：「進入盛產期時，從內藤新宿周邊一直到大久保一帶的菜園都染上了火紅的色澤，美不勝收。」這描述的應該是江戶時期這一帶的景色，很遺憾，文章中並未記載資料的出處。

之後隨著時代的推移，到了大正年間（西元一九一二年～一九二六年），內藤新宿一帶出現很多藥品批發商，在吉岡源四郎的傳記中，就描述了武藏野一帶栽種、採收辣椒的景象。而且就在同一時期，北原白秋在大正二年（西元一九一三年）所發表的詩歌集《桐花》中，有兩篇敘述辣椒的詩作，其中一篇寫著「武藏野層層菜園裡的唐辛子現正紅通通一片／採收曬乾／紅紅的胡椒採收曬乾／不要讓我哭泣啊／胡椒採收曬乾」（題名：〈百舌的高音〉）；另一篇則寫道「年輕歲月如赤紅胡椒的果實一般／悲傷啊埋入雪中吧」（題名：〈雪〉）。當時，位於內藤新宿西邊的武藏野一帶是辣椒的產地，而內藤新宿則不再種植辣椒，卻已成為辣椒的集散地了。

到底這些辣椒的栽種是從內藤家擴散到宅邸外，還是內藤家宅邸附近恰好就是辣椒田，狀況不明。不過，可以確定的是，內藤新宿一帶的確是辣椒的一大產地。後來隨著都市開發的腳步，辣椒產地也一路向西遷移，到了大正時期已經集中在武藏野一帶了。但是，這些辣椒的買賣集散地依舊集中在原產地內藤新宿藥品批發商周邊，所以「內藤辣椒」的品牌也繼續保存下來。

西部的產地代表——京都伏見

另一方面，在京都、大坂「上方」（皇居所在的京坂地區）的大都市近郊也生產辣椒。

在江戶時代前期，有關俳諧（俳句）的著作、松江重賴所著的《毛吹草》（西元一六四五年）中，就出現了關於伏見稻荷一帶「稻荷唐菘」（辣椒）的描述。同時，在歷史學者黑川道祐所著作的山城國地誌《雍州府志》（西元一六八四年）中，也提到今日京都伏見稻荷一帶是辣椒的產地。

伏見為淀川的水運要衝，是串連京都，也連通到大坂的地區。即使到了今日，源自伏見傳統蔬菜的辣椒品種「伏見甘長辣椒」，依然是京野菜（京都蔬菜）知名的品種之一，另外還有比較罕見、口味辛辣的辣椒在來品種「伏見辛」。

江戶這個城市在當時已經是世界數一數二的巨型都市，但位於其近郊的內藤新宿卻曾是辣椒的產地。另外，在僅次於江戶的大都市京都與大坂的近郊伏見，也都曾經栽種辣椒。這兩個事實都顯示，在江戶時代，城市裡對辣椒的需求很大，這證明當時辣椒已是都市居民日常生活所需的食物。

第二章　食用辣椒的起源和種類

1　人類從何時開始吃辣椒？

前一章介紹了辣椒傳入日本以及遍及日本的情形，但到底辣椒與人類之間從何時開始產生關係？人類又是在哪裡開始與辣椒結緣？本章中，將介紹各種研究的結果，一起來看看這種原本屬於野生植物的辣椒，如何經由人類的栽種而發展成「作物」。

六千年前的植物遺骸

在辣椒的考古發現中最常被提起的，是考古學家曾經在墨西哥中部山區特瓦坎（Tehuacan）谷地科斯卡特蘭（Coxcatlán）洞窟的遺址中，找到辣椒果實的植物遺跡。特瓦坎谷地裡除了有辣椒外，也找到了玉米、四季豆、南瓜、酪梨、莧科（Amaranthaceae）穀物莧菜籽的植物遺跡。不過，在一般的看法中，認為辣椒被當作食物使用的年代應該早於這個遺址的時期。根據最古老的辣椒植物遺跡，我們可以推定辣椒是屬於六千年以前的植物。順帶介紹一下，墨西哥推定在紀元前二三〇〇年時已經開始製作土器，但是考古活動所發現的辣椒遺跡卻在早於該時期的前土器時代。

另一方面，位於祕魯北海岸奇卡馬（Chicama）河河口的吳瓦卡·布里耶塔（Huaca Prieta）遺址，該處也曾經發現辣椒果實的遺跡，推定是四〇〇〇年前的遺物。

此外，在西印度群島的海地、中美薩爾瓦多以及南美委內瑞拉的考古遺址中，都曾經發現辣椒的種子、花粉、果梗（果柄）等植物遺跡，推斷分別屬於四五〇年到三五〇〇年以前的遺物。

澱粉粒微化石

植物的組織容易腐爛，只有種子或果實等植物的一部分能被保留下來成為植物遺跡。人類從遺址中挖掘到的植物，都是恰逢天時地利的條件才得以保存下來。即使找不到植物遺跡，調查附著在烹調器具上的澱粉粒「微化石」（正確地說來，這些澱粉並未真的變成化石），也能推測當時的各種生活情形。不同的植物種類，其植物種子中的澱粉粒也形狀各異，因此我們可以據此找出在該時代裡使用的是何種植物。

我們的日常飲食，是以稻子或小麥種子中的澱粉提供每日營養所需的碳水化合物。這些澱粉原本儲存在種子中，在種子發芽時提供作物所需的營養來源。當然，辣椒也一樣，雖然儲存的澱粉量不若穀物種子豐富，但是為了迎接發芽的到來，辣椒種子裡也存在著澱粉。

西元二〇〇七年，期刊《科學》（Science）中刊登了一篇論文[1]，介紹如何透過調查澱粉粒的微化石，掌握人類何時開始運用辣椒。

這篇論文中的研究，是調查從中美的巴拿馬、加勒比海的巴哈馬、南美的委內瑞拉、厄瓜多以及祕魯的遺址中挖掘出的石器（打剝石片與磨製石器），研究石器上附著的辣椒種子澱粉粒微化石。結果顯示，即使出自歷史較年輕的委內瑞拉遺址，找到的微化石也都屬於五〇〇〇年前到一〇〇〇年前的遺物。在歷史較久遠的巴拿馬遺址中，推估是屬於五六〇〇年前、厄瓜多為五〇五〇到六二五〇年前的遺物。這裡的調查結果與先前特瓦坎（Tehuacan）谷地的植物遺跡推定結果相同，都顯示人類可能早在超過六千年前就已經開始使用辣椒。

更有趣的是，在所有調查澱粉粒的地區裡，除了找到辣椒的澱粉外，也都發現了玉米的澱粉粒。據此，可推測當時的人類已經拿辣椒來搭配主食的玉米食用。在日本談到玉米，一般人腦中浮現的往往是煮熟或烤熟後的玉米，或者是甜玉米，這是因為日本人都將玉米當作蔬菜，或者作為爆米花這類的點心使用。但綜觀全球，玉米和稻米、麥子並列為主要穀物，中美洲等地區普遍將玉米當作主食。最典型的就是廣泛使用於墨西哥料理塔可（tacos）等菜餚中的墨西哥薄餅（Toruthiya），其形狀類似未經發酵的薄烤餅。六千年前的中南美洲人，早就將辣椒當作主食玉米的調味品，或者在每天的飲食當中搭配有辣椒調味的菜餚。

總而言之，基本上六千多年以前的人類就已經開始食用辣椒，辣椒所擁有的辛辣味道在漫長的人類歷史中，仍然繼續散發魅力至今。

人類在哪裡開始栽培辣椒？

我們也可以換個角度，透過生物學的觀點為辣椒的起源地提供佐證。

俄羅斯籍植物學家尼古拉．瓦維洛夫（Nikolai Vavilov，西元一八八七年～一九四三年）認為，在一個地區中，某種作物若存在許多近親或變種品種時，代表該處即是其發源地。換句話說，基因多樣性很高的地區就是該作物的發源地。

若是按照這項說法，以目前全世界的辣椒分布狀況來看，辣椒在日常飲食中占有一席之地的亞洲或非洲地區，都栽種了各種辣椒品種，的確具備了基因多樣性的條件。不過，這些區域都不存在野生的辣椒品種。

反觀中南美洲，除了供食用所栽種的品種外，野外也還有超過二十種的各式野生辣椒品種生長。而且所謂的野生品種，是指在分類學上與栽培品種不同的品種（species，包含部分屬亞種程度差異的品種），並非栽種的辣椒品種因為種子飛散到野外，而在路邊發芽生長，分化成所謂「野生品種」的狀況。此外，所謂的「品種」指的是分類學上將品種歸類為同一群的植物，即使一個地區內存在各式各樣的品種，但是有愈多異於栽培種的野生品種，愈能代表該地區的基因存在更豐富的多樣性。

按照先前瓦維洛夫的理論來看，野外有野生品種自然生長的中南美洲，辣椒基因的多樣性較高，因此可推定該處才是辣椒的發祥地。這項推論也與先前考古學所得到的結論如出一轍。

在哥倫布先生於西元一四九二年踏上聖薩爾瓦多島（San Salvador Island，位於現在的巴哈馬群島）以前，辣椒從來沒有離開它的發祥地中南美洲，歐洲、亞洲與非洲都不曾存在辣椒這種東西。儘管如此，放眼今日，在世界各地許多地區，辣椒已經成為創造地方飲食特色不可缺少的作物與食物。這都是因為辣椒對各個地區具有良好的適應力，更關鍵的是辣椒擁有迷人的辛辣氣味，帶來今天的結果。

順帶一提，除了辣椒外，還有幾種作物同樣起源於南北美洲大陸，後來成為日本的重要作物。包括前文提過的，在六千年前就和辣椒搭配食用的玉米，還有馬鈴薯、地瓜、四季豆、落花生、番茄、南瓜，這些作物都是從中南美洲歷經漫長的旅程來到日本，成為日本的農作物。日本人常說「媽媽的拿手菜」，也就是日本家庭餐桌上的代表性菜餚，包括燉煮南瓜、肉燉馬鈴薯、芝麻醬拌四季豆等等，這些都是原本生長於美洲大陸，渡海遠道而來的蔬菜，不知讀者讀到此處是否嚇了一跳。

2　辣椒的人工栽培品種

五種栽培品種

在接著介紹辣椒栽培品種以前，先來說明一些基本知識。辣椒（辣椒屬，*Capsicum*）

的栽培品種，從學名來看有辣椒種（*C. annuum*）、小米椒種（*C. frutescens*）、黃燈籠辣椒種（*C. chinense*）、漿果辣椒種（*C. baccatum*）、番椒種（*C. pubescens*）五種（本書彩頁的ii～iii頁）。本書的後半段將會詳細介紹這些栽培品種的特徵與用途。本節中，為了幫助讀者了解辣椒的起源與傳播，要稍微進入專門領域，從植物學的角度簡單說明。

首先是辣椒種，它的花朵為白色，主要生長在墨西哥到玻利維亞地區，是世界各地廣為栽種的辣椒品種。「鷹之爪」、「獅子唐辛子」、青椒類等在日本栽種的辣椒大多屬於此品種。

其次是小米椒種與黃燈籠辣椒種。這兩種辣椒品種都具有開綠白色花朵的特徵。小米椒種主要栽種在墨西哥等中美洲國家到加勒比海各國、南美洲北部的地區；黃燈籠辣椒種的種植範圍比小米椒種更廣，從中美洲到加勒比海各國、南美洲的北部地區，同時亞洲與非洲的熱帶與亞熱帶地區也有栽種。普遍認為這兩種辣椒是近親，只是小米椒種的果實較小，其果實與花萼較容易分離，具有野生品種的特徵。這一點可用來與黃燈籠辣椒種做區分。

漿果辣椒種的花朵呈白色，花瓣帶有淺綠色斑點，與其他的栽培品種不太一樣，主要分布在南美西部到東南部地區。它與辣椒種、小米椒種、黃燈籠辣椒種最大的不同是，這個品種除南美外，其他地區都未見栽種。

最後介紹的是番椒種。它的特徵是開紫色花，有黑色種子。這類栽培品種不論是外觀或基因都與其他四種大不相同。主要分布在安地斯山脈的山麓，以及墨西哥等中美洲海拔高度一三〇〇～三〇〇〇公尺的狹窄地帶。

栽培品種與野生種

一般來說，分類學上不同種的植物，即使交配也無法產生雜交種。但是小米椒種（*C. frutescens*）與黃燈籠辣椒種（*C. chinense*）因在基因上屬於近親，因此可以交配。所以，研究學者當中就有人將小米椒種與黃燈籠辣椒種的交配種——小米椒-黃燈籠辣椒複合種（*C. frutescens-chinense complex*）當作一個獨立的品種來看。而且只要條件適當，這兩個品種也能與辣椒種（*C. annuum*）交配產出後代，主要就是因為這三個品種的基因比較接近的關係。

對作物來說，所謂的發祥地是指該品種的祖先野生種，經過人工栽種後成為栽種品種的地方。人類為了爭取效率，且確保能穩定供應，會選擇在自己居住的處所或附近栽種野生種，而且在栽種的過程中，篩選出適合栽培的形態特質，並將該基因固定下來。如此一來，「栽培品種」就誕生了。

例如先前在說明小米椒種時，談到小米椒種的果實與花萼具有容易脫離的形態特質。前文中將之敘述為「這種特質比較接近野生品種」。「果實與花萼容易脫離」是野生植物的生存策略之一，為了促進種子的擴散，容易脫離的特性有助於鳥類等動物食用果實。不過對人類而言，果實在收穫之前就掉落，會導致採收困難，表示這種特質不適合栽種。除此之外，野生植物為了分散風險，會刻意錯開不同植株之間的發芽期、開花期、黃熟期。但對於人類的栽種者來說，從播種到發芽的期間、開花期以及後續的結實、子實的黃熟期其時間都一致，這樣才有利於人類的管理與採收。

辣椒存在五種，或說四種（將小米椒種與黃燈籠辣椒種視為一種）栽培品種，應該分別源自於不同的野生種，經過人類栽培後成為今日的品種。人類在一個地區開始栽種一種辣椒後，當地就誕生了一種栽培品種。該品種後來若又分化出其他四種，這些栽種品種彼此之間的基因關係應該很親近。在中南美洲，這些辣椒的栽種品種原本各自應有其主要的生長地區，然後分別經人類栽種、栽培其祖先野生種，最後發展出今日的栽培品種。

辣椒亞當與辣椒夏娃

五種栽培品種各自有各自的祖先野生種，這些祖先野生種應該在某處有一個共同的根源。這個共同的祖先野生種，也可說是辣椒的「亞當與夏娃」。為了探尋「辣椒亞當與辣椒夏娃」原本生長在中南美洲的何處，邁阿密大學的邁克拉朵（McCloud）等人於西元一九八二年嘗試透過遺傳學的研究解謎[2]。他們針對五種栽培品種，加上開白花的野生番椒「*C. chacoense*」種、開紫花的野生番椒「*C. cardenasii*」種以及「*C. eximium*」三種番椒種，共計八種基因型調查分布的地區狀況，研究各品種分化的樣貌。

根據調查的結果，邁克拉朵等人推測辣椒的共通祖先是原本自然生長於南美洲玻利維亞中南部的品種，最早分化為「*C. chacoense*」種與「*C. eximium*」種。然後「*C. chacoense*」種傳播到亞馬遜的低地，在各個栽種地區被人類栽培成為栽種品種，於是誕生了白花類的辣椒種（*C. annuum*）以及漿果辣椒種（*C. baccatum*）。另一方面，紫花的「*C. eximium*」傳播到安地斯山脈的高地，經過人類栽種成為番椒種（*C. pubescens*）。可能就在同一時期，或者稍晚的時候，白花類的祖先品種或野生番椒「*C. chacoense*」種也分化出了小米椒種（*C. frutescens*）與黃燈籠辣椒種（*C. chinense*）。

後來，分子生物學的研究方法突飛猛進，有關辣椒的品種分化也能透過DNA更進一步深入調查。西元二〇〇一年美國威斯康辛大學沃許（Warsh）與富特（Hout）針對四種栽培品種的辣椒以及七種野生品種，再加上十七種與辣椒同屬的茄科植物，按其DNA某部分的基因序列差異，找出各品種間的親緣關係[3]。這項研究的結果顯示，辣椒的祖先品種可能原本分布在祕魯到玻利維亞廣大安地斯山地區的乾燥地帶，之後再逐漸擴散到北方、東方的熱帶地區。

辣椒栽培品種的共同祖先——野生品種的辣椒，原本自然生長於玻利維亞中南部，或祕魯到玻利維亞之間的地區。倘若辣椒真的從該處開始擴散，那麼至今散布到世界各地的五種栽培品種的起源又分別來自何處呢？

野生番椒*C. chacoense*種開白色的花與紅色的果實

關於世界上栽種範圍最廣的辣椒種（*C. annuum*），已經有研究人員打探出它的發源地，並發表了相關研究報告。前面介紹過，辣椒種廣泛栽種在墨西哥到玻利維亞之間的地區，但是根據西元二〇一三年加州大學戴維斯分校（UC Davis）的克拉夫特等人所發表的論文[4]，他們整合了考古學、生態學、遺傳學、古代語言學等不同學術領域的資料研究，得到的結論認為辣椒種的起源地位於墨西哥東北部，或者是中央東部，又或者兩者皆是。對於其他四種栽培品種，仍待今後進行同樣的研究，尋找各自的根源。

分布全球的辣椒種

在中南美洲成為人類栽培品種的辣椒有五個品種，其中有些品種後來傳播到全世界，變成各地區各具特色的辣椒品種，推動新的文化誕生。但是，也有些辣椒品種一直「躲在」原產地附近。這裡就來看看各種栽培品種的發展動向。

前文談過，世界上栽種最普遍的辣椒栽培品種是辣椒種（*C. annuum*）。是什麼原因讓辣椒種遍布世界各地？

筆者研究室一直都在長野縣南箕輪村校區內的農場進行五種栽培品種的栽種實驗，當我們調查各個品種的開花時期發現，辣椒種涵蓋了開花期較早的「早生」品種到開花期較晚的「晚生」品種。相對地，其他四種栽種品種則大多屬於晚生品種。

若將晚生品種栽種在寒帶，其果實成熟時已經進入冬季，會無法採收果實也無法留下種子。辣椒種之所以普遍栽種在世界各地，原因之一大概就在於它涵蓋了早生到晚生的品種，擁有不同的開花期。

事實上，日本有些辣椒種就種植在寒冷的地區，像北海道的「札幌」種、青森縣弘前的「清水森南蠻」種，都是自古以來持續栽種的早生在來種。

長得像、又很不一樣的黃燈籠辣椒種與小米椒種

在前文中介紹過，黃燈籠辣椒種（*C. chinense*）與小米椒種（*C. frutescens*）都是開綠白色花朵的栽培品種，在基因上相近。而且有一種說法認為，通常具備野生種特性、果實與花萼容易脫離的小米椒種，是人類在栽種黃燈籠辣椒種的發展過程中，中途分化出來的品種。

這兩種品種除了種植在中南美地區外，小米椒種也種植在亞洲、非洲的熱帶與亞熱帶地區。相對地，黃燈籠辣椒種在亞洲地區則鮮少有人栽種。比較例外的是在印度東部的那

加蘭邦（Nagaland）以及鄰接的緬甸西北部，還有到孟加拉之間的地區，這一帶種植了極度辛辣、稱作斷魂椒（Bhut Jolokia）的品種，同時也有文獻報告[5]指出印尼也栽種果實小巧的辣椒品種。筆者等曾經提出報告，在馬來西亞蒐集到的辣椒基因資源[6]中發現黃燈籠辣椒種的存在，只不過這類品種在馬來西亞仍屬少數。

從馬來西亞收集到的辣椒基因資源
黃燈籠辣椒種品種

另一方面，在馬來西亞占大宗的小米椒種以及辣椒種，應該同樣都是在哥倫布之後，從發祥地的中南美洲經由歐洲傳入亞洲，但是京都大學榮譽教授矢澤進[7]教授主張，小米椒種若在歐洲栽種的話會具備晚生的性質，基於這項理由，小米椒種應該不是透過歐洲，而只在溫暖的熱帶與亞熱帶地區傳播。——具體來說，可能是經由太平洋玻里尼西亞的路徑傳播而來。另外，鹿兒島大學的山本宗立教授利用同功酶（Isozyme）分析法的方式以及現場調查所得的結果[8]，推斷小米椒種應該是十六世紀到十九世紀之間，經由墨西哥與菲律賓之間的大帆船（Galeón）貿易路線被帶入亞洲後普及開來。

未曾離開南美翱翔各地的漿果辣椒種

漿果辣椒種（*C. baccatum*）在南美洲以外地區沒什麼栽種案例，就算有也是最近才發生的事情，因此沒有太多內容可以介紹。但是，為什麼這個栽種品種未曾傳播到中南美以外的地區？其中存在重重疑點。

原因之一和辣椒種（*C. annuum*）以外的栽培種相同，漿果辣椒種為短日植物（日照不短於臨界日長就不會開花的植物），而且這個特性明顯。在我們的栽種實驗結果中也顯示，漿果辣椒種通常都比辣椒種晚開花，晚生的品種較多[9]。

此外，根據我們對五種栽培品種辣味成分含量的研究結果顯示，黃燈籠辣椒種（*C. chinense*）與小米椒種（*C. frutescens*）都有辛辣強度從極為強烈到極溫和的品種、品系，辣度分布範圍相當廣泛。相對地，漿果辣椒種與辣椒種相同，都是些辣味較為溫和的品種與品系[10]。

漿果辣椒種的果實色澤美麗，種類豐富，味道多屬辣度恰到好處、口感美味的類型，很難想像具有這種特色的漿果辣椒種，怎麼未追隨辣椒種的腳步翱翔到世界各地呢。

紫花黑種子的黑籽辣椒種

黑籽辣椒種（*Pubescens*）的栽種區域比漿果辣椒種（*C. baccatum*）更狹窄有限。過去我閱讀過各種有關辣椒的文獻[11]，根據其他辣椒研究夥伴的資料顯示，在日本，黑籽辣椒種的栽培未曾出現產量豐富的成功案例。不僅如此，全世界除了南美安地斯山脈海拔較高的地區（一三〇〇～三〇〇〇公尺）、中美洲與印尼的高地外，沒有其他地方栽種黑籽辣椒種[12]。主要原因是黑籽辣椒種辣椒不耐熱，即使開了花，往往在結果之前就落地凋亡。

筆者任職的信州大學農學院位於長野縣的南箕輪村，海拔七七三公尺，是個準高冷地區。（在日本的國立大學中也是高度最高的「頂尖」大學！）另外，在長野縣南牧村的野邊山（海拔一三五一公尺）還有一座農場。若在這兩處栽種黑籽辣椒的話，野邊山的植株可能比較容易結果，果實也會長得比較大。但是在現實中，即使位於如此高海拔的地區，黑籽辣椒種開出的花朵大多也會脫落，只有極少數能夠結果。而且儘管黑籽辣椒種喜好涼爽的氣溫，卻意外地不耐霜寒，因此在四季如春的低緯度、高海拔安地斯山地區也未能廣泛傳播。

順帶一提，在安地斯山地區，當地人們稱黑籽辣椒種為「Rocoto」，因為它的果皮

（果肉）厚實，果實形狀接近蘋果而比較不像甜椒。當地人似乎也不將其當作辣椒，用途不太一樣。

被拿來食用的代表性野生品種

前文介紹的都是與栽培品種有關的辣椒，但是在中南美洲的野生辣椒果實也具有辣味，有些當地人會採取野生種的果實，或者以半栽種的形態拿來使用。這當中，有一個品種是朝天椒亞種（*C. annuum L. var. glabrisuculum*）。

這個品種也被稱作「鳥椒」，分布在美國南部到墨西哥的亞熱帶乾燥山區中，自然生長於樹木的樹蔭下，儘管是野生種，卻受當地居民高度的喜愛。它的花色與辣椒種（*C. annuum*）同樣開白花，果實如豌豆一般小巧圓潤。在分類上，朝天椒與辣椒種屬同一種，但是基因略有差異，因此列為亞種。兩者之間可以交配，在當地也可見到雜交交配出的雜種[13]。

此外，在玻利維亞與祕魯等地的安地斯山山麓，還有一種黑籽辣椒種（Rocoto）的野生近緣種「*C. cardenasii*」，居民採取使用時稱之為「Ulupica」。此野生種的花朵呈淡紫

①

②

③

野生種辣椒的花與果實

① *C. cardenasii*種（Ulupica）

② *C. praetermissum*種（Pimenta Kumari）

③ 朝天椒亞種（鳥椒）

色，狀似吊鐘，和其他辣椒的栽培品種或野生近緣種的花朵大異其趣。與番椒種（*C. pubescens*）之間在某種程度上能夠交配，這應該是此兩個品種在基因上很相近的緣故。

此外，漿果辣椒種（*C. baccatum*）的野生近緣種「*C. praetermissum*」也會被摘採來使用。其特色為花朵呈花瓣相連的五角形，花瓣上的斑點會讓人懷疑它是否為漿果辣椒種的近親。果實約兩公分大，呈橢圓狀球形。在巴西，這個品種稱作「Pimenta Kumari」，在市面上以油漬的形態銷售。

第三章　為什麼辣椒會變得那麼辣？

1　辛辣——讓辣椒長出翅膀翱翔

愈來愈辣之事出有因

在一場演講中，觀眾席上有一名參加聽眾提問道：「辣椒是不是人類從不辣的野生種中篩選出會辣的個體，刻意栽培而成？是否因為篩選使得今天出現這麼多辛辣的栽種品種？」

一些甜度很高的水果，確實都源自低甜度、味道或酸或澀的野生品種。人類在栽培的過程中逐步篩選出甜度較高的個體，而成就今日水果口味甜美的成果。我聽說這位提問者從事與水果有關的工作，他可能因此從水果的角度去理解辣椒，並提出疑問。不過辣椒果實中的辣味成分是辣椒素（capsaicin），狀況和水果完全不同。

前一章曾經介紹，有很多野生辣椒所結的果實很辣，即使在今日的中南美洲，人們依然摘取這類野生辣椒的果實食用。換句話說，辣椒不是因為人類辛苦改造而變成味道辛辣的辣椒。辣味劇烈的辣椒來自於人類從野生辣椒中篩選育種、栽培的結果。或許該這麼說，正因為它很辣，所以被人類從野生辣椒中找出來使用。

野生辣椒之所以有辣味，可能是要在嚴酷的自然環境中生存下去必然的結果。但是辣味這件事究竟帶給辣椒什麼樣的好處？在過去的研究文獻中有兩種理論。

擴散種子的策略

植物為了擴大自己存活的生活環境（habitat），必須將下一代的種子擴散得愈遠愈好。為了達成目的，有些植物演化成種子帶有黏著性物質的類型，或者長出有鉤爪的細細棘爪，可以附著在動物的身體上，有些植物則演化成種子上長出羽毛或棉絮，可以乘風飄散；相同地，有些植物的果實甜美，甚至含有油脂，果實中的糖分或脂肪的養分吸引鳥類或動物前來食用，就能將果實中的種子帶到更遠的地方。除此之外，當種子尚未成熟，尚未作好發芽準備時，植物讓此階段的果實帶有強烈的澀味或苦味，透過這個味道散發訊息，告訴散布種子的動物與鳥類「果實還沒準備好」。

但是透過鳥類與動物擴散種子的方法有個問題。倘若動物吃下果實以後，將珍貴的種子咬碎，或者種子在胃裡被消化掉了，就無法達成散布種子的目的。因此，像櫻桃等的種子就演化成帶有厚厚的種皮，以避免危害到種子。另外，有些植物出現進一步的演化，他們的果實在掉落地面後並不會發芽，必須仰賴動物吃進胃裡，將堅硬的種皮適度消化以後才容易發芽，與動物之間產生更深厚的相互關係。

老鼠與鳥以及辣椒

那麼，辣椒又是什麼狀況呢？

辣椒讓果實帶有刺激性的辣味，這個做法乍看之下似乎與利用甜味吸引動物與鳥類靠近的方式背道而馳。但，事實果真如此嗎？

西元二〇〇一年，美國蒙大拿大學（University of Montana）的丘克斯百利（Joshua Tewksbury）與北亞利桑納大學（Northern Arizona University）的蓋瑞．保羅．納布罕（Gary Paul Nabhan）在學術期刊《自然》（Naturer）中發表了一篇敘述辣椒辣味與鳥、動物關係的有趣論文[1]。

論文中記載，他們首先在美國亞利桑納州南部的沙漠地帶，觀察了野生種辣椒——墨西哥奇特品辣椒（Chiltepin）。前一章中也介紹過，墨西哥奇特品辣椒屬於世界上最普遍之辣椒種的朝天椒亞種（*C. annuum L. var. glabrisuculum*），會長出大小如同柏青哥彈珠的辛辣果實。在筆者的研究室裡也有這種墨西哥奇特品辣椒。經測量發現，它果實所含辣味成分的量，與商品「一味唐辛子」中所添加的「三鷹」或「鷹之爪」品種的辣椒素含量差不多，我實際品嘗也發現這種野生種辣椒相當的辣。

關於墨西哥奇特品辣椒，根據該論文的敘述，這種辣椒生長在朴樹（*Celtis sinensis*）的樹蔭下，據說朴樹結的果實與墨西哥奇特品辣椒的形狀很像（朴樹果實當然不會辣）。論文作者觀察發現，動物在白天會吃墨西哥奇特品辣椒和朴樹的果實，其中以一種名為彎嘴矢嘲鶇（*Toxostoma curvirostre*）的鳥最愛吃墨西哥奇特品辣椒。另外，在鳥類休息的夜間，仍有其他動物會吃朴樹的果實，但沒有動物會吃墨西哥奇特品辣椒果實。換句話說，只有鳥類會吃墨西哥奇特品辣椒的果實，其他動物則不會。

然後他們回到實驗室裡繼續實驗，對棲息在該觀察地點的荒漠鹿鼠（*Peromyscus eremicus*）與沙漠林鼠（desert woodrat）兩種老鼠，以及前文的彎嘴矢嘲鶇餵食墨西哥奇特品辣椒以及朴樹的果實，再度證實的確只有鳥類才吃墨西哥奇特品辣椒。實驗中也使用了另一種野生種辣椒「*C. chacoense*」，儘管這種辣椒的果實外觀上與墨西哥奇特品辣椒極為相似，但是卻來自於完全不辣的植株，不含辣味成分「辣椒素」（capsaicin）。透過這個實驗，可以比較鳥與動物對於辣味的反應。

實驗的結果顯示，彎嘴矢嘲鶇對於會辣的墨西哥奇特品辣椒果實、不會辣的「*C. chacoense*」果實，以及朴樹的果實照單全收。相對地，荒漠鹿鼠喜愛朴樹的果實，也吃一些「*C. chacoense*」的果實，但完全不吃墨西哥奇特品辣椒的果實。另外，沙漠林鼠喜愛朴樹的果實，也可接受「*C. chacoense*」的果實，但也一樣完全不吃墨西哥奇特品辣椒的果實。

從以上結果可知，彎嘴矢嘲鶇可以接受辛辣的食物，顯示這種鳥對辣的反應可能相當遲鈍，但顯然另外兩種老鼠都不喜歡吃辣。

鳥類是辣椒最強的夥伴

事實上，鳥類感受辣椒素（capsaicin）的受容體結構和哺乳類不太一樣。鳥類不是完全感受不到辣味，而是相對遲鈍許多。古代的文獻其實也提供了相關的線索，例如，在古文獻中記載，可以餵活力不振的鳥類吃一些辣椒。或許古人早已知道鳥類對辣味的味覺比較不敏銳。談個題外話，據說近來驅趕烏鴉用的網子裡，會放入一些混了辣椒素在內的成分，倘若這類商品真有驅趕效果，或許表示烏鴉和其他鳥類不同，可以清楚感受到辣椒素的辣味。

話題再度回到先前的實驗。

兩位研究人員在實驗的最後階段餵食彎嘴矢嘲鶇、荒漠鹿鼠以及沙漠林鼠不辣的「*C. chacoense*」的果實，然後從其糞便中取出種子，研究該種子的發芽能力。之所以選用「*C. chacoense*」的果實，是因為在先前的實驗中已得知，若選用帶有辣味的墨西哥奇特品辣椒的果實，討厭辣味的老鼠們會拒絕攝食。實驗最後比較了從糞便中回收種子的發芽情形，結果顯示彎嘴矢嘲鶇糞便中的種子與直接從果實取得的種子發芽率相同，但是從老鼠糞便中回收的種子則完全不會發芽。

論文中並未詳述實驗結果的原因為何，但是可以推測，鳥類食用果實時是囫圇吞棗下肚，但哺乳類，尤其是齧齒類的老鼠，食用果實時會以銳利的門牙齧啃，可能就傷害了種子。而且哺乳類的消化器官也比鳥類複雜，種子在消化的過程中可能就失去了發芽能力。

鳥類與動物若能食用辣椒的果實，就能效仿其他植物，幫助種子散布到更遠的地方，有利於品種開枝散葉。但是辣椒的種子薄薄一片，感覺非常脆弱，不僅不耐哺乳類咀嚼，更遑論通過漫長的消化器官時是否足夠強壯，可能在消化的過程當中喪失了發芽功能。所以辣椒在演化的過程中，不發展可承受任何動物食用的堅強種皮結構，而是同櫻桃一般，尋找最佳的夥伴，並確實進入夥伴的腸胃中。辣椒的最佳夥伴就是鳥類。即使辣椒的果實被鳥類吃入腹中，依然維持著發芽的能力，如此一來就有機會被運送到遠處發芽。

但是，如何只讓鳥類攝食，而避免哺乳類食用，這個部分的做法就需要費點心思了。這時候的做法，意想不到地就是在果實內儲存辣椒素。對辣椒而言，它們已經演化到可以利用動物對於辣的感受差異達到目的，例如鳥類對辣椒素刺激的遲鈍，哺乳類的老鼠對辣椒素感受敏銳。

2 辛辣——自我保護的手段

龜椿（Plataspidae）、黴菌與辣椒

在前一節介紹的論文中，丘克斯百利（Joshua Tewksbury）的理論主張，辣椒為了只讓鳥類攝食，因此發展出辣味效果，他在西元二〇〇八年和其他團隊共同發表的論文[2]當中，也說明了辣椒果實變辣的其他原因。

丘克斯百利使用前文中幾度出現過的野生番椒「*C. chacoense*」，透過觀察與實驗研究了其演化的狀況。

野生番椒「*C. chacoense*」是自然生長於玻利維亞的「Chaco」地區到阿根廷與巴拉圭一帶的辣椒。它的果實只要感染到鐮孢菌屬（*Fusarium*）就會開始腐爛，波及到內部的種子使之無法發芽。大部分植物的果實表面都有果皮包覆，為的就是防禦黴菌或細菌入侵。萬一果皮受傷了，黴菌與細菌就能從傷口入侵到果實內。有一種龜椿(Plataspidae)的幼蟲會在野生番椒「*C. chacoense*」的果實上，以針狀的口器刺入果實內吸取汁液，在果皮表面打開細孔（吸汁傷口），黴菌就會從該處入侵。在丘克斯百利的研究中顯示，果皮表面吸汁傷口愈多，該果實中的種子受黴菌的危害就愈大。野生番椒「*C. chacoense*」分為辣與不辣兩種類型，丘克斯百利針對這兩種果實，比較了受黴菌感染後對種子傷害程度的不同。結果顯示不辣型的種子受害的程度是辛辣型的兩倍以上。而且他透過培養實驗，了解到辣味成分——類辣椒素（capsaicinoids）中的辣椒素（capsaicin）以及二氫辣椒素（Dihydrocapsaicin）具有抑制黴菌增殖的效果。

這些結果都證明了辣椒果實中所含的類辣椒素，能保護果實與種子不受鐮孢菌的傷害。

之後，丘克斯百利又使用從玻利維亞東部七處採集來的野生番椒「*C. chacoense*」種的果實，比較了各果實的辣味成分與被龜椿幼蟲吸食汁液造成傷口的關係。結果顯示，在果實表面存在愈多龜椿幼蟲吸食汁液的傷口，該野生辣椒生長地區感染鐮孢菌的風險就愈高。同時，果實內的辣味成分——類辣椒素的含量也愈高。

辛辣乃是雙面刃

丘克斯百利（Joshua Tewksbury）在西元二〇一一年也與華盛頓大學的大衛·哈克（David Hack）共同發表了論文[3]。這篇論文的研究對象是玻利維亞西南部二十一處地區，調查該地區的降雨量與該處的自生野生辣椒、野生番椒「*C. chacoense*」種果實中的辣味成分之間的關係。結果顯示，降雨量愈多的地區，辛辣果實的占比就愈高，而較乾燥的地區，不辣的果實較多。

在溼氣較重的地區，果實遭受鐮孢菌（*Fusarium*）感染，導致果實內重要種子被損毀的風險較高。辣椒可能因此開始演化，在果實中儲存可抑制鐮孢崮增殖的類辣椒素（capsaicinoids）。

但是在果實中儲存類辣椒素對辣椒本身似乎也是一種負擔。之所以這麼說，是因為丘克斯百利在論文中也論述說，含有類辣椒素、有辛辣果實的野生番椒「*C. chacoense*」種，其種子的種皮通常比較薄。而且種子的產量在乾燥地區也會減少。

種皮愈薄，強度相對就弱，即使被鳥吃了變成糞便排出，這類種子的發芽率也很低。同時，產生的種子數量減少，對維持下一世代個體數，甚或增殖都會造成負面影響。換句話說，野生辣椒在演化的過程中，為了優先具備防禦黴菌的能力，於是發展出辣味的特徵。即使這樣會弱化珍貴的種子，造成種子的數量減少也在所不惜。

在緊迫盯人的生存攻防當中，辣椒為了存活必須一直演化。

3 「辛辣」——是一種進化

紅色是辣椒對鳥類發出的求愛訊號

辣椒最明顯的性狀就是果實的辛辣，另外還有一個辣椒特有的性狀是，果實在成熟以後呈紅色。辣椒的紅色源自類胡蘿蔔素（carotenoid），也就是胡蘿蔔素（carotene）的同類、辣椒紅素（capsanthin）、辣椒紫紅素（capsorubin）的色素造成。

前文中提過，與丘克斯百利（Joshua Tewksbury）在西元二〇〇一年共同發表論文的作者蓋瑞．保羅．納布罕（Gary Paul Nabhan），他在著作[4]中提過一個理論，有些鳥類需要胡蘿蔔素以使其羽毛的色澤鮮豔。辣椒為了吸引身為種子散布者的鳥類靠近食用，於是演化變辣。同時，為了吸引需要類胡蘿蔔素的鳥類發現自己，也讓果實變成鮮紅色。

一般都知道，鳥類羽毛的色澤在找尋配偶進行繁殖上扮演著重要的角色。或許，鳥類為了討異性歡喜，默默地努力吃著辣椒。

該避開老鼠還是躲避黴菌？

前文中介紹了有關辣椒演化變辣的兩種理論。一個說法是辣椒變辣以便吸引鳥類前來食用，同時避免被哺乳類（老鼠）吃下肚。另一個說法是，辣椒變辣是為了在悶熱的生長環境中，提高對黴菌的防禦能力。前者是因為種子在老鼠的糞便中沒有發芽能力，但是在鳥的糞便中可以發芽；後者乃是為了避免感染黴菌，降低了發芽能力。這兩種說法都與種子的發芽能力有關，兩種結果最終都促使辣椒演化變辣。不過，這兩種假說背後的過程發展不太相同，到底哪種說法才正確呢？辣椒希望逃避的是黴菌的傷害還是被老鼠吃掉呢？

這兩種假說的舞台發生在美國的亞利桑那州和南美洲的玻利維亞。前一章談過，根據推測，玻利維亞是辣椒祖先野生種誕生的地方。第二種假設是為了避免感染黴菌，進而使種子發芽能力下滑的情形發生，辣椒因而獲得了辣椒素（capsaicin），這是在辣椒的故鄉進行觀察與研究所得的結果。

由此看來，這地區的辣椒野生種最早可能是為了避免感染黴菌，而演化成果實存在辣椒素。然後，由於辣椒素具有避免動物食用的效果，所以只有最佳夥伴——鳥類才會吃辣椒的果實，如此一來就提高了辣椒種子的散播效率，讓辣椒廣泛傳播到中南美各地。而且，說不定辣椒在演化中，發展出吸引人的色素，引誘最佳散布者鳥類攝食。也就是說，鳥類因為辣椒中所含的豐富類胡蘿蔔素，讓羽毛變得更鮮豔。

種子若能如前章說明地有效擴散傳播，那麼，野生辣椒可能就不是在某一個地區被人類栽種，先產生一個栽培種，然後再由這個栽培種分化出其他四種品種。辣椒可能擁有共通的祖先野生種，然後擴散在中南美洲的各個地區，在不同的地區分別被人類栽種，最後誕生出五種栽培種。這個理論也說得通。

辣椒為了避開哺乳類的胃袋而向辛辣演化，結果卻讓一種哺乳類愛上了那份辛辣。基於這份喜愛，也把辣椒從原來的生長地區帶到世界各地。這個哺乳動物就是「人類」，對辣椒來說，人類或許是更甚於鳥類的好夥伴。不過，辣椒真的這麼有宏觀的遠見，一路推動果實演化變辣嗎？如果這是事實……這情景光是想像就讓人起雞皮疙瘩。

第四章　辣椒辣味的惡形惡狀

1　辣椒，辛辣的真面目

辛辣味成分——辣椒素

許多人都知道辣椒果實之所以辛辣，來自所含的辣椒素成分。儘管統稱叫「辣椒素」，但實際上包括了約二十種構造類似的物質，在化學上將之統稱為「類辣椒素」（capsaicinoids）。

但是透過化學分析裝置「高效液相層析儀」（HPLC）測定辣椒果實時，所能分析出的類辣椒素中只有辣椒素（capsaicin）、二氫辣椒素（Dihydrocapsaicin）、去甲雙氫辣椒鹼（Nordihydrocapsaicin）三種成分。以我們研究室等級的測量儀器進行分析時，也只能測量出極微量、甚至幾乎測不出的其他類辣椒素。因此，可以確定的是只有這三種成分會影響到吃辣椒時，味覺對辣味的感覺。

實際檢驗辣椒果實可發現，這三種物質當中含量最豐富的是辣椒素，其次為二氫辣椒素，和這兩種物質相比，去甲雙氫辣椒鹼的含量微乎其微。而且這三種成分帶來的辣味感受也各有特色。二氫辣椒素的辣味強度只有辣椒素的一半，去甲雙氫辣椒鹼的辣味強度雖然與辣椒素不相上下，但是辣味會殘留在嘴巴裡。所以，通常辣椒素含量較二氫辣椒素多的辣椒，吃起來辣味優質，味道比較「鮮明」。

實際品嘗二氫辣椒素含量較豐富的辣椒品種果實時，可以感受到辣味殘留在口中的時間較久，不易散去。不過這種辣味延續不散的感覺無法透過科學測量，也或許是先入為主的觀念讓我們認為辣味不散，因此請讀者把這段文字當作純粹的個人感想，參考參考即可。

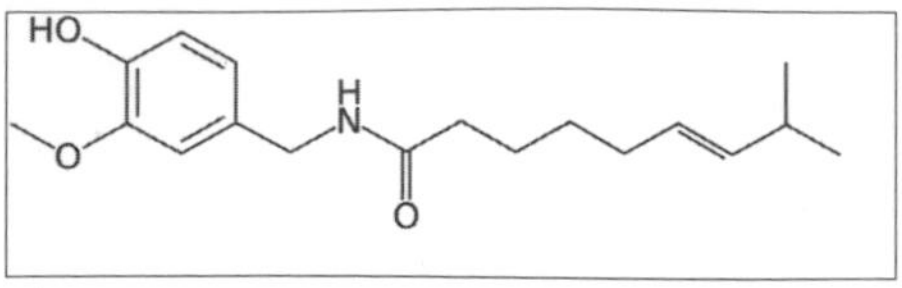

辣椒素（capsaicin）的化學結構式

青椒（Green pepper）與紅甜椒（Paprika）無法產生辣椒素

觀察辣味成分「類辣椒素」（capsaicinoids）的化學結構，可以看到有一個六角形龜殼狀的構造，加上歪歪扭扭的尾巴形狀。這個六角形龜殼形狀（苯環，benzene ring）加上–OH（羥基，hydroxyl）的化學物質稱作酚類，歪歪扭扭的尾巴是脂肪鏈。

在辣椒果實的結構中，果實中稱作隔壁（Septum）的組織內細胞會合成類辣椒素。進行合成的過程中，果實組織首先透過個別不同的合成途徑合成酚類與脂肪鏈，然後兩者再結合，生成辣椒素等類辣椒素。

在青椒與紅甜椒這些完全不含辣味成分的辣椒品種中，前述的合成途徑到了最後階段時合成功能就會失靈。這是因為結合酚類與脂肪鏈兩種原料的*Pun1*編碼其轉化酶基因突變，無法發揮結合的作用造成的結果。因此，青椒與紅甜椒就無法合成類辣椒素，當然就不帶辣味。

另一方面，像獅子唐辛子、京都蔬菜「萬願寺」、「伏見甘長」等甜味的辣椒品種，因為吃起來沒有辣味，或者辣度極輕味覺不太感受得到，所以就被歸類為蔬菜。不過，這幾種辣椒品種不似青椒類有基因缺陷，它們的基因運作正常，因此也常常因為一些狀況而結出辛辣的果實。這種情形留待本章的後半段再來詳細說明。

辣椒素以外的植物辣味成分

在各種植物當中，只有辣椒中存在具有強烈辣味的物質辣椒素，其他植物中並沒有辣椒素。順便介紹一下，在一些帶有辣味的植物中，胡椒的辣味來源是胡椒鹼（Piperine），山椒是山椒素（Sanshool），生薑是生薑醇（Shogaol）或薑醇（Gingerol），但是不論是哪一種辣味成分，其辣味的強度與辣椒素相比都難以望其項背。

辣味嗆烈的山葵（wasabi），其辛辣類型與辣椒截然不同。山葵的辣味來源是異硫氰酸烯丙酯（Allyl isothiocyanate）。日本黃芥末（Japanese mustard）和蘿蔔泥的辣味也是源自於同樣的成分。當異硫氰酸烯丙酯的物質存在於活的植物細胞中時，是以一種名為黑芥子苷（Sinigtrin）的另一物質狀態存在，當植物細胞壞死，酵素芥子酶（Myrosinase）開始作用分解，就會產生嗆辣的異硫氰酸烯丙酯。

山葵以及芥菜、蘿蔔這類油菜科植物為了避免昆蟲或動物持續啃咬，被咬過的地方，也就是細胞壞死的部位會開始產生辣味，以阻止昆蟲與動物繼續啃食。蘿蔔泥在研磨以後，隨著經過時間愈久，其辣味也愈來愈強烈。原因在於細胞遭到破壞以後，酵素的作用讓蘿蔔泥逐漸變辣。例如，以像鯊魚皮般緻密的粉碎刀所磨出來的山葵，味道尤其辛辣，其中原因就在於細胞遭到破壞的程度更嚴重。

前文寫到「辣味嗆烈的山葵（wasabi），其辛辣類型與辣椒截然不同」。因為山葵的辣是透過鼻子直衝腦門的嗆辣，相對地，辣椒的辣味是只在嘴裡擴散開的熱辣，刺激的感覺不會傳遞到鼻子。山葵之所以嗆鼻，是因為山葵的辣味成分異硫氰酸烯丙酯具有高度的揮發性，吃進嘴裡後因人體體溫發生汽化，於是刺激的氣體傳到鼻腔裡。另一方面，辣椒的辣椒素揮發性不高，因此不會衝入鼻中。了解異硫氰酸烯丙酯此一特性後，就知道吃山葵時避免嗆辣衝入腦門的訣竅——從鼻子吸氣再由嘴巴吐出，刺激性氣體應該就沒有機會跑進鼻腔裡了。

2　人類對辛辣的一些誤解

辣味存在果實的哪個部位？

主題重新回到辣椒上。

在所有植物中，只有辣椒擁有辣味成分辣椒素（capsaicin），但是辣椒素不存在葉子、根莖上，我們只在辣椒的果實中找到了辣椒素。過去我在某處與人談起這件事時，曾經有人告訴我，他把辣椒的葉子加醬油滷成佃煮料理時味道很辣，所以他認為辣椒葉片中應該也存在辣椒素，堅持要說服我。佃煮料理之所以辣，是因為他把辣椒果實和葉子一起煮，所以味道自然辛辣，並不是辣椒葉中也存在辣椒素所造成。講得更明白一點，在辣椒果實中，有一個將空洞部分隔開來的板狀組織「隔壁」（Septum），辣椒素就是在這個部位合成，而且除了部分品種以外，辣椒素只會積存在「隔壁」這個部位中。

一般人常說辣椒最辣的地方是辣椒籽，但很遺憾那是個誤會，辣椒籽沒有合成辣椒素的能力，也沒辦法積存辣椒素。在辣椒果實內，辣椒籽附著在隔壁或與隔壁相連的胎座（Placenta）上，所以在果實黃熟或乾燥時，從隔壁表面細胞釋放出的辣椒素就會附著在種子表面上，可能因此讓一般人誤解辣椒籽本身帶有辣味。

我們常聽到烹飪老師在解說時說道：「鷹之爪辣椒的種子會辣，所以先挖掉種子以後再入菜，辣味就會溫和一些。」這個說法其實也不能說不對，在把乾燥辣椒果實中的辣椒籽挖掉時，通常也會一併去除辣味來源的乾燥隔壁組織。

直到不久以前，我們都以為辣味成分的合成與堆積是在「胎座」組織上，這是個附著辣椒籽、從果實中央延伸到隔壁的組織。不過富山大學（當時，今日的東京農業大學）杉山立志教授的研究[1]解開了這道謎題，確定合成辣味成分的功能存在於隔壁中而非胎座上。

隔壁與胎座的結構相連，有些品種的這兩個部位難以區分，因此過去一直以為辣味合成功能存在於胎座上，或者同時存在胎座與隔壁上。但是杉山教授以「哈瓦那辣椒」（Habanero chilli）這種胎座與隔壁位置明確區分的品種作為研究對象時，證實了辣椒果實中合成、堆積辣味成分的部位是在隔壁組織。

順帶介紹，在岡山大學（當時，今日的京都大學）田中義行教授等人的研究[2]當中，確定了辣度遠高於哈瓦那辣椒的品種「莫魯加毒蠍黃色系超級辣辣椒」（Trinidad moruga scorpion yellow）的果實中，不僅在隔壁，連果皮（也就是相當於「果肉」可食用的部分）都能合成、堆積辣椒素。因此，這個品種的辣椒素含量出類拔萃、高人一等。這也是「莫魯加毒蠍黃色系超級辣辣椒」這個品種為什麼遠比「哈瓦那辣椒」辣的原因。

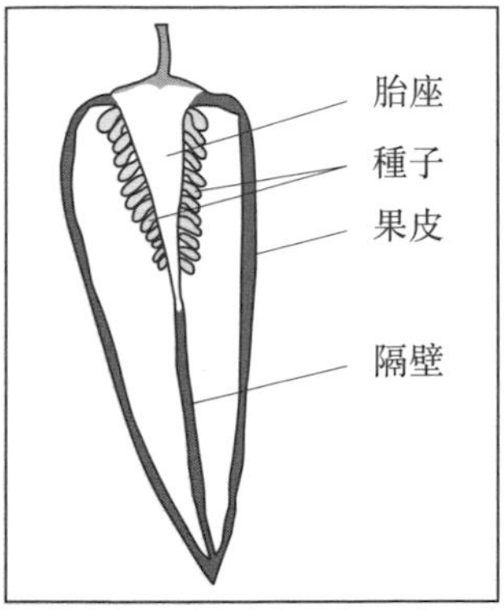

辣椒果實的斷面圖

紅色與綠色辣椒何者比較辣？

還有一個常遭誤解的是，綠色辣椒與紅色辣椒何者較辣的問題。大多數人可能以為，尚未成熟的綠色果實，其辣味應該比成熟的紅色果實溫和；但事實上，只要是同一品種，或者來自同一植株的果實，只要果實個體大小差不多，綠色辣椒通常比紅色的辣。

辣椒的花在受粉以後果實會逐漸長大，在果實停止成長以前，會一直維持綠色不會轉紅。果實必須在長得足夠大與成熟、停止生長時才會轉成紅色。辣椒果實內的類辣椒素（capsaicinoids）含量會隨著果實的成長增加，在果實停止成長的時候——也就是即將轉成紅色之前的綠色狀態，果實中的類辣椒素含量最高。之後，隨著果實逐漸變紅，果實中的類辣椒素會被分解，逐漸減少。不過，這時候與成長時的類辣椒素增加速度相比，減少的變動穩定，所以實際品嘗味道時會覺得綠色果實與紅色果實同樣地辛辣[3]。

3　辣度與肥料

辣椒易受環境影響

筆者曾經聽辣椒食品業者談過，對所有銷售辣椒的公司而言，最麻煩的一件事就是，即使品種相同，產地、年度、生產農家不同，所產出的辣椒辣味程度就不一樣。因此，所有的食品業者都為如何穩定品質頭痛不已。看來，辣椒似乎極度容易受到環境影響。

這麼看來，針對辣椒的栽培環境，土壤、氣溫、水分等眾多的栽培條件中，究竟何者對辣椒的辣度影響最大呢？

事實上，筆者和食品業者相同，都為了維持辣椒辣度的穩定而頭痛不已。為進行研究，筆者在長野縣境內向各處農家借用田地，進行栽種實驗。在實驗中，有一年在同一個地區內，我們栽種了相同品種的辣椒，但是其中有幾戶農家所採收的辣椒果實辣度極弱。為了找出原因，我們鎖定了土壤成分的影響進行調查。除了這幾個栽種地區外，也蒐集了長野縣內四個農場的土壤。我們將土壤裝在瓶中，以這些土瓶栽種一般辣度的辣椒品種鷹之爪與三鷹，所有栽培條件設定皆同。之後，再針對收成的辣椒果實分析了辣味成分類辣椒素（capsaicinoids）的含量，以及調查類辣椒素與土壤中殘留肥料成分含量的關係[4]。

實驗的結果顯示，土壤所含肥料成分中的氮與鉀，看不出與類辣椒素含量之間的關連。但是，當可給態磷酸（植物可吸收作為肥料狀態的磷酸）的量增加時，果實的辣味就會出現減弱的傾向。

另外，從四個農場採集的土壤中，有兩種土壤所含的磷酸濃度超過一般栽種青椒、辣椒時的適當濃度。我們以這種土壤栽種辣椒時，所得果實的辣味成分含量也比較低。

左右辣椒辣味程度的磷酸肥

為了進一步仔細調查肥料成分與辣味之間的關係，我們鎖定三種營養要素：氮、磷酸、鉀，在土壤中以不同施肥量栽種辣椒，然後測量果實中的類辣椒素（capsaicinoids）含量[5]。結果顯示，辣度與鉀的含量沒有任何關係，但是氮與磷酸的施肥量能改變辣味成分的含量。

首先看氮的狀況。氮的施用量多一點，辣味成分的含量也會增加些許，但是變動的程度在統計學上未必呈現明顯的關係。其次是磷酸，未施加磷酸的土壤與磷酸施用量過多的土壤所栽種出的辣椒辣度都很弱，但是施加適量磷酸肥時，辣味成分的含量就明顯升高。

根據上述結果，辣椒果實所含的類辣椒素含量會受磷酸施用量影響，缺乏磷酸或磷酸過剩都會降低類辣椒素的含量。

過去已有其他人做過同樣的研究，結果與我們的一致。首先先介紹歷史較久遠、西元一九六一年的研究結果。

岐阜大學農學院的小菅貞良與稻垣幸男的實驗中，採用果實朝上成串生長的一般辣椒品種——八房，透過栽培時控制施肥量觀察辣味的變化[6]。在他們的文獻中，報告結果顯示氮肥的施用量增加，產量與果實中的類辣椒素也會隨之增加，而且當磷酸肥施用過量時，產量雖會增加，但是類辣椒素含量反倒減少。

其次介紹西元一九七二年弘前大學的嵯峨紘一教授（當時）的例子。他以砂石與培養液栽種日本最為常見的辣椒品種鷹之爪，嘗試檢視培養液中的肥料成分如何影響辣味。結果指出，氮、磷、鉀三要素中，最能左右類辣椒素含量的是磷。而且報告中也指出，在辣椒果實發育最佳的含磷濃度之培養液中，類辣椒素的含量最大。磷含量超過該濃度時，則類辣椒素的含量會略微減少[7]。

從上述的各項研究中，可清楚看出辣椒的辣度受土壤中的肥料成分左右，但是筆者個人認為，當辣椒實際栽種在菜園裡時，很難完全透過肥料的量控制辣度。辣椒果實的辣味受多種因素影響，很難輕易地進行人為控制。

4　獅子唐辛子之謎

甜的獅子唐辛子，辣的獅子唐辛子

去日本燒鳥屋（烤肉店）吃飯時，獅子唐辛子串燒是必點的一道菜。這個去到燒鳥屋必點獅子唐辛子串燒的習慣和我從事辣椒研究完全無關。不過，在實際經驗中，只要吃了幾串獅子唐辛子串燒，就會吃到一串辣獅子唐辛子，這也可說是點這道菜的另一種樂趣。一般不辣的獅子唐辛子也很好吃，但是一點辣味刺激的調劑又是別有風味。

不過，大概沒多少人會認為遇到辣獅子唐辛子是一種樂趣，或者認為辣獅子唐辛子的味道別有風味。一般正常人在這種情況下，只會想到出現辣獅子唐辛子商品一點也不正常，是必須解決的問題。

原本應該不辣的獅子唐辛子突然出現辛辣版本，是因為栽培時土壤乾燥[8]，或環境具備高溫又乾燥的條件[9]下才會產生。看來，只要獅子唐辛子在生長過程遭遇壓力，味道也會變辣。關於這個說法，過去我也聽栽種的農家說過，因此這個看法應該正確無誤。

那麼，曾經遭遇壓力的獅子唐辛子果實為什麼會出現辣味？除了變辣之外，還發生了什麼樣的變化？

追逐解謎的暑假自由研究

調查獅子唐辛子變辣的原因無須用到昂貴的實驗器具或最新的設備。當年就讀小學三年級的吾家長女，她就曾經在暑假期間進行了相關的自由研究。她挑戰了一項實驗，先買來大批獅子唐辛子，再全部以舌頭去舔，尋找其中有辣味的果實。

長女在暑假中舔了高達二二四顆的獅子唐辛子果實，其中一七顆有辣味，甚至還有一顆是極辣的果實。

實驗的第二個步驟是仔細觀察有辣味的獅子唐辛子果實。在這個階段，吾家長女注意到會辣的果實，辣椒籽的數量比較少。她將一七顆會辣的辣椒果實，以及另外從不辣的果實中隨機挑選了二五顆，然後計數果實所含的辣椒籽數，比較雙方種子數的差異。結果顯示，在不辣的二五顆辣椒果實中，一顆果實的平均辣椒籽數是一二七・二個（最多二一〇個，最少七五個）。相對地，在一七顆會辣的辣椒果實中，辣椒籽的數量比較少，平均為七六・四個（最多一三九個，最少二五個）。多虧了寶貝女兒的暑假作業，我也才明白會

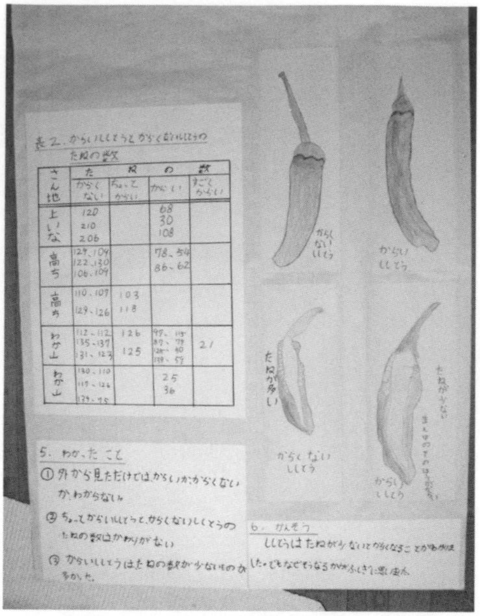

解開獅子唐辛子之謎的暑假自由研究

辣的獅子唐辛子有種子數比較少的傾向[10]。

由於長女只能靠一個人的力量完成這項實驗，所以沒辦法計算全部果實的種子數量。也只能隨機挑出部分不辣的獅子唐辛子計算。但是，我認為這項不辣獅子唐辛子的研究應該持續下去，於是接手繼續研究。我的實驗是在課堂上發給一百多名修課學生獅子唐辛子，請他們調查果實是否會辣，並且計算了種子的數量。這項實驗持續三年，累積調查了三七五顆獅子唐辛子的果實（市售品），研究辣味的有無以及種子的數量。

在這些果實中，不辣的果實占全體的八五・六％，有三二一顆。一顆果實的種子數目平均為一〇五・〇個，最多為二三三個，最少為一〇個。相對地，會辣的果實占全體的一四・四％，有五四顆。每顆果實的種子數量平均二九・五個，最多七八個，最少三個。

這個結果與長女的調查結果差不多一致，儘管種子較少的果實未必全都會辣，但是會辣的果實基本上種子數量都很少，趨勢非常清楚[11]。

單為結果與辣味

獅子唐辛子果實內的種子之所以變少，應該是因為單為結果（Parthenocarpy）的現象所造成。

所謂的單為結果，是指植物的花因為受到某些因素的影響，受粉或受精失敗無法生成種子，但其果實仍然正常生長的現象。在前文中提過的文獻中也有提及，在栽培過程中遇到乾燥或高溫等壓力時，辣椒比較容易產出辛辣的果實。可能因為類似的環境壓力，也導致辣椒無法順利受粉或受精，出現單為結果的情形。

為了查明單為結果與辣味之間的因果關係[12]，筆者等研究人員以實驗方式誘發單為結果，製造出無種子獅子唐辛子的果實。實驗中首先在獅子唐辛子開花以前將雌蕊切除，讓花朵無法受粉。然後在花朵中稱作「子房」、也就是後續會長成果實的部位塗上一種能促進果實成長的植物荷爾蒙，製造沒有種子的果實。然後拿此單為結果所產生的果實與正常受粉、有種子的果實相比，比較所含的辣味成分含量。

結果，所有以實驗方式產生的無種子果實都含有辣味，相對地，透過正常受粉產生的有籽果實則完全不辣。在其他的實驗案例中，也有研究人員同樣以人為方式製造出單為結果的情形[13]，生產具有辣味的辣椒果實。得到的結果相同，顯示單為結果是增加辣味的因素，這個理論應該正確無誤。

我們知道，在辣椒種子的種皮內含有木質素（lignin）的成分，成熟時，種皮會變硬以保護種子。另一方面，類辣椒素（capsaicinoids）與其前驅物質（作為原料的化學成分）的酚類（phenol），在果實內有部分會分解為接近木質素的物質[14]。單為結果的果實沒有種子，或者只有少量種子，因此原本應進入種皮的酚類無處可去，因而增多了類辣椒素的合成量[15]。

此外，被歸類為青椒或紅甜椒（paprika）的甜味辣椒品種，其基因中產生類辣椒素的能力完全損壞。但是獅子唐辛子、伏見甘長以及萬願寺等的甜味品種，基因中依然保有生產類辣椒素的能力，所以單為結果就會產生帶有辣味的果實。但是，青椒或紅甜椒即使以單為結果的方式產生果實，其果實也沒有辣味成分。

順帶介紹，根據筆者等的調查顯示，辣味品種的鷹之爪辣椒若以單為結果方式結實，其果實的類辣椒素含量比一般果實更豐富——也就是辣味變得更強烈[16]。

若沾到辣味品種的辣椒花粉，獅子唐辛子是否會變辣？

這是一個種植辣椒以及青椒、獅子唐辛子的生產者經常提問的問題，若栽種的作物其花沾到鷹之爪等辣味品種的花粉而受粉時，生長的果實會變辣嗎？

通常受粉後，必須等到下一代種子成長成植物體後，才會展現花粉親的性狀，但有時候受粉、受精後的種子也會展現花粉親的性狀。例如以糯稻為母本，以粳稻的花粉交配時，所產生的種子會變成粳稻。像這樣從種子的胚乳性狀即可見到交配當代的花粉親影響，這個情形稱作「花粉直感」（xenia）。另外，已知椰棗的果實大小與成熟期也會受到花粉親的影響，像這類花粉親會影響到胚乳以外的果實現象稱作「果實直感」（metaxenia）。蘋果、茄子、柿子、棉花等都可見到相同現象[17]。

那麼，辣椒是否也會出現果實直感現象？同時，辣椒素（capsaicin）的含量是否因此出現變化？

在一個使用甜味品種「大獅子」與伏見甘長的實驗中，這兩個品種接受辣味品種鷹之爪的花粉受粉，研究其交配當代的果實狀況。結果顯示，辣味成分的含量沒有改變。也就是說，未出現果實直感現象[18]。而且在筆者過去的研究[19]當中，相對於甜味品種的獅子唐辛子與伏見甘長，使用「日光」等的辣味品種、品系，然後採用兩種相反的組合，也就是辣味母X甜味父、甜味母X辣味父進行雙向受粉時，不論是何種組合，結果辣味都未受花粉親的影響，也未出現果實直感的現象。

雖說這些實驗中所使用的伏見甘長、獅子唐辛子屬於甜味品種，但是在基因中都具有合成類辣椒素（capsaicinoids）的能力，如果這些品種在栽培以後長出辣味果實，這不是因為果實直感的現象造成，應該是如前所示，在開花期承受壓力的單為結果（Parthenocarpy）現象。

總結來說，青椒與紅甜椒（paprika）等完全沒有能力合成類辣椒素的品種，並不會因為辣味品種的花粉受粉，長出來的果實就變辣。不過事實上仍有不少人相信這種事情會發生。追根究柢起來，這應該是因為所使用的種子為自家栽種，與其他辣味品種自然雜交所產生的雜種。或者若要考慮其他可能性的話，就是接枝的台木使用辣味品種，收穫的果實是從台木側枝長出的果實。總之，不論如何處理青椒與紅甜椒，都不會長出辣味的果實。

第五章　機能性食品——辣椒

1　辣椒減肥法

名著《辣椒：辣味的科學》

在第三章中談到，有一種理論認為辣椒為了避開哺乳類，讓鳥類食用果實，因此演化成將類辣椒素堆積在果實中。不過，也因為辣椒果實具備這種刺激性的味道，所以原本計畫避免哺乳類動物食用的結果，反而吸引同為哺乳動物的人類開始使用辣椒，也讓辣椒生長的區域廣布全世界。這樣的結果十分諷刺。

近來辣椒的刺激性味道除了提供口味的滿足外，辣椒的其他效益也引起人類關注。那就是辣椒素所擁有的各種健康效果、機能性效果。

辣椒的健康效果在《辣椒：辣味的科學》（日本幸書房出版）這本書中有詳細的介紹。書中提到了辣椒的健康效果，以及有關辣椒廣泛的研究成果，可說是一本辣椒研究人員不可離手的參考書。

但是這本書是針對研究人員、技術人員書寫的書籍，所以內容較為專業。因此，本節將該書有關辣椒健康效果的部分稍加消化後以淺顯易懂的方式說明。

辣椒素燃燒脂肪

首先介紹辣椒素的健康效果中，最廣為人知的減肥效果。

相信讀者都有親身經驗，在吃添加辣椒的超辣料理時，不僅辣在嘴裡，身體明顯也會出現變化。吃辛辣料理時，身體會發熱，甚至噴汗，這些身體反應正是體內燃燒脂肪和糖的證據，也是辣椒素減肥效果的一種顯現。

比方說，一日三餐都吃拉麵，這碗拉麵中含有大量的豬背脂、湯頭濃稠，最上面還放一大片五花肉叉燒，持續吃十天的話會出現何種結果？若能透過劇烈運動把吃下去的脂肪消耗掉那也就罷了，但是若單純維持原來的生活形態，保證十天以後一定會發胖。京都大學的研究小組就以比一般老鼠（mouse）大的實驗鼠（rat）進行這樣的實驗[1]。實驗中當然不可能餵實驗鼠湯頭濃郁的拉麵，所以是以添加與豬背脂相同油脂製造的豬油飼料，連續讓實驗鼠攝食十天。之後，針對其中一部分的實驗鼠，在其富含豬油的飼料中混入辣椒素，比較餵食後的結果。

實驗中所添加的辣椒素量與泰國人一天食用的辣椒分量等量，所以這種飼料的口味應該相當地辣。在這項研究中，同時還另外準備了含前述辣椒素一．五倍量以及二分之一量的飼料，餵食後比較各組老鼠的狀況。如第三章談到，老鼠應該不擅長吃辣，所以這些實驗鼠能吃下這些實驗飼料實在令人敬佩。從這個實驗的執行結果來推測，或許當老鼠在沒有其他食物可吃的情況下，即使食物很辣，老鼠也會照吃不誤。

實驗結果中比較了飼料中添加辣椒素，以及飼料未含辣椒素的實驗鼠腎臟的周邊。結果顯示，發現脂肪組織的量與血液中的中性脂肪的值，後者實驗鼠的值都比前者高。而且結果也顯示，飼料中添加辣椒素的量愈多，脂肪組織與中性組織的量就愈少。看來辣椒素似乎具有抑制脂肪堆積，或者說在堆積以前就將脂肪消耗掉的能力。不過這個實驗鼠的實驗結果並不能直接套用在人類身上，人類的日常生活受各種因素影響，因此須多加注意。

話雖如此，至少這項實驗的結果，證明了辣椒素在實驗鼠的體內明顯產生了作用。

食用含辣椒素飼料的實驗鼠體內到底發生了什麼事？這裡透過各種同樣使用實驗鼠所研究的實驗結果，釐清了辣椒素的影響機制。

辣椒刺激「逃跑或迎戰」的荷爾蒙

第一點，食用含辣椒素的食物會刺激交感神經（在活動或緊張時運作的神經），這時腎臟旁的器官副腎就會分泌腎上腺素（Adrenaline）。腎上腺素也被稱作「逃跑或迎戰的荷爾蒙」，是遭遇危機時，決定要逃跑或迎戰等反應時所需的荷爾蒙。具體而言，當人體分泌出腎上腺素，身體為了應付緊急狀況，會分解儲存在肝臟的肝醣（glycogen），讓血糖值上升，同時脂肪組織也會分解脂肪，提高血中游離脂肪酸的值。重點就是為了供應血中能量，以便身體能夠立即反應。即使在沒有遭遇任何危機的情況下，只要攝取辣椒的辣椒素，身體就會分泌腎上腺素，進入「逃跑或迎戰」時的狀態。

此外，研究已證實，交感神經受到辣椒素刺激時，會對體內稱作棕色脂肪組織的器官作用。此棕色脂肪組織和前面提過、腎上腺素所作用的體脂肪儲存器官之脂肪組織（也稱作白色脂肪組織）不同，能在體內發熱。棕色脂肪組織在維持嬰兒體溫上尤其重要，在嬰兒長大成人後，依然能在體內產生體熱。攝取辣椒素可刺激棕色脂肪組織活化，促進身體產生熱。

因為白色脂肪組織與棕色脂肪組織兩者的作用，能促進儲存在體內的體脂肪分解，讓身體產生熱。換句話說，討厭的體脂肪就會因此被燃燒掉。我們在吃了辣椒後身體會發熱的現象，正是因為人體發生前述作用的緣故。

辣椒真的有減肥效果嗎？

前文中寫到，使用實驗鼠的動物實驗結果未必適用於人類，但是最早透過實驗觀察人類因攝取辣椒引發代謝的變化，是在西元一九八六年[2]。

根據這項研究，在每餐的飲食中添加辣椒醬與芥末醬各三公克時，攝食產熱效應（Diet Induced Thermogenesis：DIT）比未添加時明顯升高。所謂的DIT就是在攝取食物後代謝活化的現象，也就是即使安靜不動，光是進食就會增加的代謝量。DIT約占人體一天消耗熱量的一成左右，但是若在食物中加了辣椒醬，DIT的量會進一步升高。

另外，在其他以人為對象的實驗結果顯示[3]，倘若一名中長距離跑者在飲食中添加含類辣椒素（capsaicinoids）〇．三％的辣椒一〇公克，在安靜時與運動中，體內的腎上腺素濃度都會升高。另外，也有文獻指出二〇～三〇歲女性在攝取高碳水化合物或高脂肪飲食時，如能添加含類辣椒素〇．三％的辣椒一〇公克時，DIT也會升高。除此以外，還有多項其他類似的研究報告，顯示辣椒的類辣椒素對人類體重有減重效果。這個部分已經在某種程度上獲得科學的證明。

每當我在演講或課堂上談到這些辣椒的減重效果時，總會感受到會場中開始瀰漫一股奇妙的氣氛。沒錯，正在談論減重效果的我，擁有所謂容易罹患代謝症候群的肥胖體型，讓聽講的人們對辣椒的減重效果產生懷疑。遇到這種狀況，我一定會把我的藉口拿出來說：「各位，你們知道辣椒除了減重效果外，還有什麼更強大的效果嗎？那就是增進食慾的效果！！！」

2　暖身暖心的辣椒

實踐！辣椒暖身節能活動

我任職的信州大學曾經取得環境ＩＳＯ１４００１的認證（很可惜這項認證只到二〇一六年為止），是一所致力於培養具有環保觀念人才的學校。要獲得這項認證，除了大學教職員必須遵循一定規範外，包括學生、消費合作社的職員在內，所有校園裡的成員都必須參與。因此學生也組成了環境ＩＳＯ學生委員會，在校園內辦理各種與環境相關的活動。

幾年前，當時擔任農學院環境委員會委員的我有一項工作，是擔任環境ＩＳＯ學生委員會的顧問，每天與學生們一起愉快地推動環保校園。在深秋已經可以感到寒意的某一天，擔任環境學生委員的幾名學生到研究室來找我，邀請我協助他們推動新的企劃案。他們的構想是在入冬時節，進行一項名為「辣椒暖身節能」的活動。

學生們的構想是，計畫在學生餐廳裡擺放各種含有辣椒的調味料，讓學生和教職員自由取用，利用辣椒的辣椒素（capsaicin）效果溫暖身體，同時藉此將暖氣的設定溫度調降一～二度，促進節能與環保。這項計畫乃是希望藉由辣椒的功能，讓冬季嚴寒的信州能變得舒適且節能，發想極具農學院學生的性格。

為了實踐這項學生企劃，我立即聯絡一起進行共同研究的食品公司，請他們提供幾種辣椒調味料陳列在學生餐廳中。這項企劃案得到了很大的迴響，許多學生與教職員都享用了辣椒調味料，身體應該也變得更溫暖。比較遺憾的是，學生們並未進行後續調查，不知道辣椒調味料讓體溫上升了多少，對降低暖氣費用做出多少貢獻，所以很遺憾的是實際效果不明。

有助於暖身節能效果的七味唐辛子

第二年冬季開始，我們又拜託善光寺門前的七味唐辛子老店——八幡屋礒五郎，他們從第一年度就贊助了這項企劃案，請他們提供由我和學生委員會特別調配的辣椒暖身節能用七味唐辛子。

日本各地有各式各樣的七味唐辛子，每一家店都有自己的獨家配方。例如位於京都產寧坂、以日本三大七味聞明的七味屋本舗，另外還有東京淺草的藥研堀中島商店以及八幡屋礒五郎的老店，他們的七種藥味都有獨家配方，味道不太一樣。其中，只有信州八幡屋礒五郎的七味添加了生薑，算是該店獨家的特色。自古以來，人們相信生薑具有溫暖身體的效果，尤其是出自嚴寒信州的七味唐辛子，配方裡才特別添加了生薑。

生薑成分中含有的薑醇（Gingerol），以及經過乾燥或加熱烹調後的生薑中所含的生薑醇（Shogaol），其辣味都不似辣椒素（capsaicin）強烈。在過去的動物實驗中，研究發現薑醇會與嘴中的辣椒素受體（receptor）反應[4]，而且生薑的氣味成分薑酮（zingerone）具有促進能量代謝的效果，若能同時攝取薑酮與薑醇，促進代謝的效果也會更明顯[5]。從這些研究成果可知，生薑與辣椒的辣椒素同樣具有升高體溫的亢進作用，也就是說，絕對具有溫暖身體的效果。

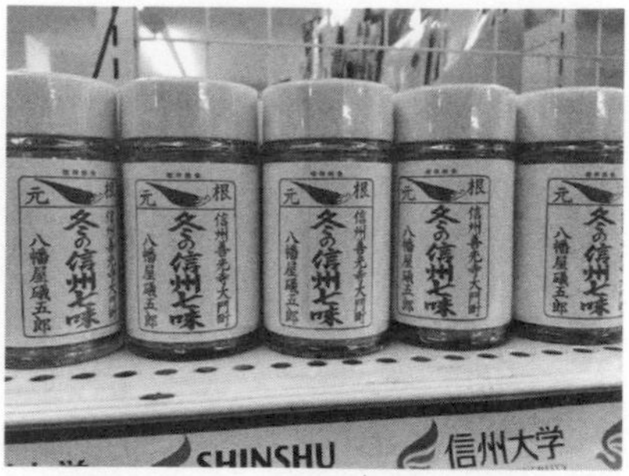

八幡屋礒五郎所銷售的暖身節能用七味唐辛子「冬季信州七味」

我們配製的原創暖身節能用七味唐辛子，進一步強化了信州善光寺七味唐辛子的特色，七味唐辛子配方中富含生薑，利用生薑與辣椒的雙重力量溫暖身體。不過，不論生薑或辣椒，含量並非愈多愈好，畢竟還是得考慮到七味唐辛子的美味效果，所以我們請八幡屋礒五郎幫我們試生產了幾次，學生們與我也不斷試吃，最後才將配方定案。

後來，在第三年舉辦這項暖身節能活動中，原創的七味唐辛子配方也正式發展成商品，成為八幡屋礒五郎的冬季限定商品「冬季信州七味」（遺憾的是目前已經停售）。

讓身體降溫的冒汗作用

不過，執行這類辣椒暖身節能活動時也有必須注意的地方。前文介紹過，辣椒的辣椒素（capsaicin）具有體熱亢進的作用，也就是保持身體溫暖的效果。但事實上，辣椒素同時也有降低體溫的效果。

在正常的狀況下，人體處於寒冷環境中，身體會設法提高體溫，同時減少身體表面發汗，以避免體溫散失。相反地，置身於炎熱環境時，身體會降低體熱發生，透過皮膚冒汗將體溫轉成汽化熱，發散到體外。

在這個條件下，食用辣椒時人體會出現何種狀況？首先，辣椒的效果會讓人體的體溫上升。但是在此同時，體表開始冒汗。吃劇辣的咖哩時身體會一邊冒汗就是辣椒素的效果之一。

在寒冷季節藉由吃辣溫暖身體時，也必須特別注意流汗的狀況。否則，好不容易因為辣椒讓身體暖和了，卻又因為冒汗讓身體冷卻下來……

3　辣椒與維他命C

辣椒的維他命C含量超越檸檬

除此以外，辣椒的辣椒素具有減鹽效果，在薄鹽料理中添加一些辣椒素就能增進口味，在清淡當中也能滿足味蕾的需求。另外辣椒素還有意想不到的效果，若塗抹在傷口上則具有鎮痛作用，而且適量地使用還能提供保護胃部黏膜的效果。

辣椒還有另一個特徵，辣椒的赤紅色澤來自於辣椒紅素（capsanthin）與辣椒紫紅素（capsorubin）的色素成分（統稱為類胡蘿蔔素），也含有抗氧化的效果（防止細胞氧化）。

但是，辣椒所含成分中，最重要的成分是維他命C。

由於人類無法自行在體內合成維他命C，因此必須透過飲食攝取。在歷史上，大航海時代的船上乘客經過長期航海時，經常出現壞血病的問題，那就是因為攝取不到新鮮的食物，造成體內維他命不足的情形。

談到富含維他命C的農產品，一般人往往聯想到檸檬，但是根據日本文部科學省（約等於台灣教育部）的「日本食品標準成分表二〇一五版（修訂七版）」的數值，每一〇〇公克檸檬中含一〇〇毫克的維他命C，相對地，同量的「Tomapee」（果形扁平，匈牙利甜椒的一種）中則含有維他命C二〇〇毫克、紅甜椒含有一七〇毫克、黃甜椒含有一五〇毫克、辣椒一二〇毫克，這些色澤豔麗的辣椒類果實，所含的維他命C量都超越檸檬。

另一方面，綠色的辣椒，像青椒含七六毫克、獅子唐辛子含五七毫克，含量沒有檸檬豐富。但是與同屬果菜類的番茄（一五毫克）、小黃瓜（一四毫克）、茄子（四毫克）相比，綠色辣椒的維他命C含量還是相當豐富。

因辣椒獲得諾貝爾獎

匈牙利的生理學家阿爾伯特．聖捷爾吉（Szent–Györgyi Albert）對維他命C就有偉大的科學發現。

他除了有關維他命C的發現外，也解開了細胞呼吸機制之謎，因為這些成就，在西元一九三七年憑藉著「生物學的燃燒，尤其是有關維他命C與反丁烯二酸（Fumaric acid）觸媒作用的發現」獲得諾貝爾生理醫學獎。據說，當時英國的《泰晤士報》把他的成就稱作贏得「紅甜椒獎」。這大概是因為匈牙利是紅甜椒（paprika）產地的關係吧，但其實還有更大的原因，就是紅甜椒在聖捷爾吉的大發現背後扮演著重要角色。

當時，發現維他命C的研究競爭愈來愈激烈，但是阿爾伯特．聖捷爾吉將牛的副腎萃出的物質命名為己醣醛酸（hexuronic acid），嘗試證明該物質就是維他命C。

但是為了證明，實驗中必須萃取大量的維他命C使用，不過常見含豐富維他命C成分的柳橙和檸檬等，因其果實含有大量糖分，以當時的技術很難萃取出純粹的維他命C。因為這些緣故，讓聖捷爾吉的競爭者耗費了很大工夫。相對地，聖捷爾吉則著眼於綠色的紅甜椒，成功地從紅甜椒中萃取出大量的維他命C。前文中談過青椒類含有豐富的維他命C，而紅甜椒也富含維他命C，且當果實尚未成熟、還在綠色階段時，含糖量不高，所以易於穩定地大量萃取。這讓阿爾伯特．聖捷爾吉搶先競爭對手一步辨明了維他命C。

紅甜椒的果實不辣，是被當作蔬菜食用的大型果實的辣椒品種群。同時，乾燥磨成粉後可用於料理上。匈牙利的代表料理「匈牙利燉牛肉湯」（gulyas）或「匈牙利燉肉」（porkolt）就是使用肉加上洋蔥、番茄等燉煮的料理，其中大量的甜紅椒粉是不可或缺的要角。

我自己猜想，匈牙利籍的阿爾伯特．聖捷爾吉應該很喜歡吃「匈牙利燉牛肉湯」，或許他在一邊吃著牛肉湯的過程中，一邊想到可以從紅甜椒中萃取維他命C。不過根據他的傳記《早餐就開始吃魚子醬，科學家聖捷爾吉的冒險》（日本岩波書店出版）中記載，聖捷爾吉很討厭紅甜椒，可能他想既然不拿來吃，索性就把生的紅甜椒拿來萃取維他命C。

人生波濤洶湧的紅甜椒博士

順帶介紹一下，在該書中也談到聖捷爾吉在獲得諾貝爾獎以後，經歷了波濤洶湧的一段人生。

他曾經歷了第二次世界大戰。當時匈牙利原本與納粹德國關係友好，但是匈牙利總理卡洛伊．米克洛什（Miklós Kállay）捨棄納粹，嘗試接觸英國。這時候，首相的親筆信必須送到土耳其伊斯坦堡交給英國的諜報員。這當中身負此密令的，就是能以學者身分出國、不會受到懷疑的聖捷爾吉。

儘管肩負危險的任務，聖捷爾吉仍然順利達成使命，回到了匈牙利。但是納粹德國得知竟然有這麼一封交給英國的極機密親筆信。於是希特勒召喚匈牙利的王國攝政者霍爾蒂．米克洛什（Vitéz nagybányai Horthy Miklós），展示該封親筆信的內容，並且大聲責罵聖捷爾吉。後來，聖捷爾吉回顧說：「我政治生涯的巔峰就是被希特勒大聲責罵我名字的時候。」

之後聖捷爾吉被迫逃亡，因為諾貝爾獎的緣分，他曾經暫時躲藏在瑞典大使館內，但是又被納粹發現，在危急存亡之際成功脫逃。最後，當蘇聯軍隊將德軍趕出布達佩斯時，聖捷爾吉終於得救，結束他的逃亡生活。之後，聖捷爾吉受到蘇維埃科學院邀請前往，獲得盛大的招待，三餐桌上都有魚子醬。但是聖捷爾吉的贊助者、同時也是他的友人後來遭到蘇維埃政府逮捕，聖捷爾吉也就流亡到美國。即使去到了美國，他被視為是共產主義支持者，讓他驚濤駭浪的生活未曾中止。

不過令人驚訝的是，儘管經常遭遇驚濤駭浪般的生活，聖捷爾吉仍然持續進行研究工作。即使在從納粹德國逃離的過程中，他為了掌握肌肉收縮的機制，依然不斷地反覆實驗。後來，這項肌肉的研究於西元一九五四年獲得美國醫學界最高榮譽的拉斯克獎（Lasker Award）。

我們這些大學教師或研究機構的研究人員經常對自己的研究環境怨東怨西，例如研究費用太少、實驗設備不足、工作以外的雜事太多……閱讀了阿爾伯特．聖捷爾吉的傳記以後讓我大大反省，深深覺得必須學習他對研究的熱情。即使研究費用貧脊，雜事太多，光是沒有蓋世太保在後面追殺這一點，我們的研究環境仍贏過聖捷爾吉許多。

在第一部的內容中介紹了辣椒的誕生地，辣椒如何演化成為帶有辣味的植物，以及人類如何面對帶有辣味的辣椒。同時，也介紹了辣椒如何展翅高飛，傳播到遙遠的日本。

今日世界各地栽培了哪些種類的辣椒？人類又是如何食用辣椒的呢？第二部中，我們將出發環遊世界，來一趟辣椒之旅，一探辣椒的現狀。

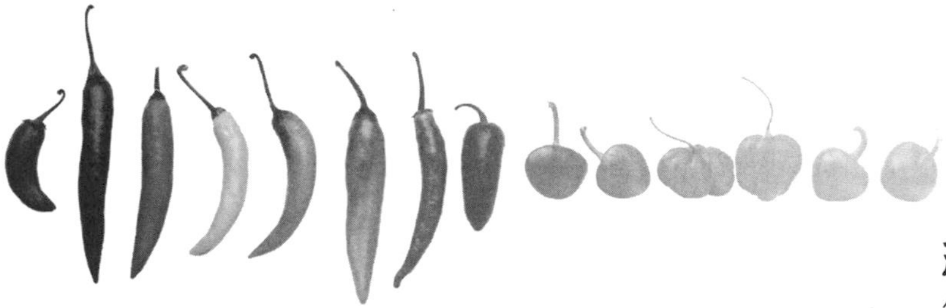

第二部

繞行地球一圈的辣椒紀行

第六章　辣椒的故鄉——中南美洲

1　南美的代表性辣椒

追隨辣椒的足跡

做好準備，我們要出發環球一周進行辣椒之旅。不過即使要環繞地球，也不是漫無目的地四處閒晃。對於可以「征服世界」稱之又遍布世界各地的辣椒來說，要網羅所有與辣椒相關的飲食習慣非常困難。因此，我們將以地區為單位，整理品種、飲食文化的重點，提出課題或謎題，以比較文化的角度一讀辣椒與人類之間交織出的故事。

這趟旅程要從辣椒的發源地南美出發，前進哥倫布傳入辣椒的歐洲，接著繞到非洲以後再前進亞洲，往東繞一圈朝向最終的目的地日本。這條路線基本上和辣椒傳播的路徑相同，某個程度上也符合辣椒傳播的時間軸。

首先就出發前往南美吧。

安地斯山的辣椒「Rocoto」

分布在中南美狹長地區的辣椒之一是「Rocoto」（彩頁的iii頁）。如前文提過，主要栽種地分布在高海拔的祕魯和玻利維亞的安地斯山地區。

這種屬於黑籽辣椒種（*Pubescens*）的辣椒擁有紫色的花，種子是黑色的，莖、葉多毛，模樣和日本常見的辣椒種（*C. annuum*）不太一樣。它的果實長得像蘋果或接近紡錘形，果實未成熟時呈綠色，成熟後變成紅色或黃色。「Rocoto」十分辛辣，但是果肉厚實，也帶有果香，是一種非常受到該地區居民喜愛的辣椒。

據說祕魯的農民在田間吃午飯時，會以蒸熟的馬鈴薯佐切片的「Rocoto」[1]。或者將岩鹽和「Rocoto」放在石臼中一起搗成辣椒醬，然後以馬鈴薯沾醬食用。

以「Rocoto」為食材的祕魯菜中最知名的非肉釀餡辣椒（Rocoto Relleno）莫屬（彩頁iv頁）。這道菜就像青椒鑲肉一樣，但就是把名稱改稱為「Rocoto」辣椒鑲肉。這道料理的製作方式是先將「Rocoto」的種子、胎座（Placenta）、隔壁（Septum）等果實內容物取出，汆燙以後把事先醃過的肉、洋蔥、堅果類等炒熟填入，然後再加上蛋、起士放進烤箱中烘烤。

在我們研究室的慣例中，每年秋季學生們都會將完成研究的「Rocoto」拿來烹調，料理以後享用，我們的料理食譜就是這道肉釀餡辣椒。不過我們的做法不是祕魯家庭料理那種方式，比較接近日本青椒鑲肉的做法：將洋蔥切小丁，和絞肉一起填入「Rocoto」裡，然後在平底鍋裡煎熟。儘管如此也非常美味可口。當然，常常有人中獎，吃到辣味驚人的「Rocoto」果實，對部分學生而言這一點十分令人苦惱。

花朵帶有斑點的漿果辣椒

除了「Rocoto」是中南美以外罕見的栽培種外，漿果辣椒種（*C. baccatum*）也名列其中。這類辣椒中沒有辣度劇烈的品種，反倒有好幾種辣味極度微弱的品種[2]。

在漿果辣椒種當中，知名品種有漿果辣椒（aji amarillo，彩頁iii頁）。在西班牙語中，「aji」是「辣椒」、「amarillo」是「黃色」的意思，合起來就是會結出美麗黃色果實的辣椒品種。它的辣度相對溫和，也是一種帶有果香的辣椒。

除漿果辣椒外，屬於漿果辣椒種的辣椒在果實成熟後有橙色、朱紅色、紅色等，尚未成熟的果實通常呈現奶油色或黃綠色，色澤美麗。

另外，很多品種的辣椒果實長相奇特，例如被命名為「主教的冠冕」（Bishop Crown，彩頁iii頁）此一品種，果實側面的形狀看起來就像一頂有帽尖（萼）的帽子，因此才得到主教的冠冕這個名稱。萼狀突出的部分帶有甜味，不辣，味道可口，因此被拿來食用，但也有人因其果實形狀特殊，將之用於觀賞。

檸檬汁醃生魚（Ceviche）就是一道利用漿果辣椒種調味的料理。這道菜是南美餐桌上常見的生魚醃漬料理，在祕魯，經常使用漿果辣椒調製醃漬用的醃泡液。製作方法是將洋蔥和漿果辣椒切成小丁，加入香菜的葉子、奧勒岡葉（oregano）、香芹（parsley）等香草，再加入檸檬汁與鹽，然後淋在切成一口大小的生魚肉片上。

使用漿果辣椒製作的知名祕魯料理中，有一道叫做「辣奶油雞」（Aji de gallina）。這道也可稱作辣椒燉母雞的料理乍見之下類似奶油燉菜，但是這道料理的基底包含了漿果辣椒，因此色澤呈現鮮豔的黃色，也帶有辣味。還可以再加入孜然（cumin），或者像祕魯將之當作是配飯吃的菜餚，感覺上和日本的咖哩料理很像。

墨西哥猶加敦半島（Península de Yucatán）的哈瓦那辣椒（Habanero chili）

在中美洲也有各式各樣的辣椒。例如在墨西哥，知名的辣椒有「墨西哥辣椒」（chile jalapeño）、「塞拉諾辣椒」（Serrano）、「波布拉諾辣椒」（Poblano）、「迪阿波辣椒」（Chile de arbol）、「鈴鐺辣椒」（Cascabel）等等，每一種辣椒都有彰顯該品種特色所烹調的菜餚，其中最大放異彩的就是「哈瓦那辣椒」。

哈瓦那辣椒（彩頁ii頁）屬於黃燈籠辣椒種（*C. Chinense*），過去主要栽種在墨西哥猶加敦半島。它的果實不像「鷹之爪」那般細長，果身圓潤，形狀像手提燈籠，因此又被稱作燈籠辣椒。果實帶有透明感的橙色非常美麗，但是它的強烈辛辣也和其美麗外觀呈正比。在歷史上，有一段期間哈瓦那辣椒被稱作是世界上最辣的辣椒。

以高速液相層析儀（HPLC）分析一般哈瓦那辣椒的橙色果實可以發現，一公克乾燥果實中的類辣椒素（capsaicinoids）含量為三萬三〇〇〇毫克。我們將之和同一個時期栽種於同一農場內的日本代表性辣味辣椒品種「三鷹」比較，「三鷹」的類辣椒素含量為二〇〇〇毫克，「哈瓦那辣椒」的辣味成分含量是「三鷹」的十六倍，是一種相當辛辣的品種[3]。

生活在加勒比海地區或墨西哥猶加敦半島的人們會將生的哈瓦那辣椒果實切碎，加在各種料理中食用[4]。日本墨西哥料理第一人渡邊庸生廚師也曾在他的著作[5]裡，介紹了「哈瓦那辣椒莎莎醬」（Salsa de Chile Habanero），可以拿來搭配塔可餅和煎雞肉。

「臭味」大於「辣味」的哈瓦那辣椒

若有人不小心咬到這種用於料理上的哈瓦那辣椒，一入口的感覺除了「辣」之外，更強烈的應該是「痛」感吧。畢竟這種辣椒的辛辣程度是日本最辣辣椒的十六倍。

在日本談到哈瓦那辣椒時，話題總圍繞著辛辣討論，但其實除了驚人的辣味外，哈瓦那辣椒另一個特徵是獨特的氣味。有人說這股氣味像是柑橘的香味，有人說像花香，但其中也有人把它形容為灰塵的臭味。哈瓦那辣椒的氣味特殊，很難找到類似的味道打適當比方。

我曾經聽人說過，居住在墨西哥猶加敦半島上的馬雅人雖然常吃哈瓦那辣椒，但其中也有一群墨西哥人完全拒吃。原因不在「太辣」，而是「討厭它獨特的氣味」。

在日本的商店裡，常見劇辣食品標示著「添加哈瓦那辣椒」，我實際嘗過哈瓦那辣椒以後發現，哈瓦那辣椒氣味愈明顯的食品，辣味也愈強烈。所以，基本上氣味不明顯的商品，也相對地欠缺哈瓦那辣椒強烈的辛辣衝擊。

2 辣椒世界的「激辛」大賽

世界第一辣的哈瓦那辣椒

前文提到哈瓦那辣椒「曾經被喻為世界最辣」，這個認證來自於鼎鼎大名的「金氏紀錄」。在記錄世界第一的金氏紀錄中，曾經在西元一九九四年到二〇〇六年之間記載哈瓦那辣椒是世上「最辣的辣椒」。但是金氏紀錄認證的品種，是從哈瓦那辣椒中篩選改良的品種「墨西哥紅色殺手」（Red Savina，彩頁ii頁），並非原來橙色的哈瓦那辣椒。

墨西哥紅色殺手正如其名，果實紅色，尺寸也比哈瓦那辣椒大。另外，這個品種是以突變育種的方式栽培，呈現簡潔的株型（plant type，由莖、枝形成草本植物的地上概型），一節會長出數個紅色的果實，適合栽種在溫暖而溼潤的氣候環境[6]。它的辣味最高達史高維爾指標（SHU）值五七萬七〇〇〇，換算成類辣椒素（capsaicinoids）含量為一公克乾燥果實約含三萬六〇〇〇毫克（以下談到類辣椒素的含量時，都以乾物一公克的含量為單位）。用在一味唐辛子的三鷹辣椒，它的辣味含量值為約二〇〇〇毫克，所以紅色殺手的類辣椒素含量約為三鷹的十八倍。

日本產的劇辣辣椒與恐怖的印度斷魂椒

但是這個金氏紀錄後來又數度被改寫，西元二〇〇六年十二月的「SB Capmax」、隔年西元二〇〇七年二月的「印度斷魂椒」（Bhut Jolokia）這些品種都陸續奪走了哈瓦那辣椒最勁辣椒王的寶座。接下來，西元二〇一一年「千里達毒蠍布奇T辣椒」（Trinidad scorpion 'Butch T' pepper）又奪走了王位，不過不到兩年時間，西元二〇一三年出現的「卡羅來納死神椒」（Carolina Reaper）搶占勁辣第一名，王座的競爭日益激烈。

接棒哈瓦那辣椒冠軍寶座的「SB Capmax」是由日本辛香料的龍頭業者S&B（愛思必）食品公司開發的品種。它的辣度為六五萬六〇〇〇SHU，換算成類辣椒素含量為四萬一〇〇〇毫克，辣度是三鷹辣椒的二十倍左右。遺憾的是，這項金氏紀錄僅維持三個月就被印度斷魂椒給後來居上。不過日本開發的品種曾經一度位居第一這件事對日本的辣椒相關人士來說，是一段值得誇耀的歷史。

超越「SB Capmax」的「印度斷魂椒」（彩頁ii頁）是印度東北部那加蘭邦（Nagaland）與鄰接緬甸西北部實皆省（Sagaing）的原生辣椒。在其周邊地區印度阿薩姆邦（Assam）、曼尼普爾邦（Manipur）還有孟加拉都有栽種。筆者在緬甸最大城市仰光（Yangon）的市場裡也曾經看過相同的品種，可見緬甸也和印度一樣，栽種印度斷魂椒的面積愈來愈大。印度斷魂椒的辛辣度為一〇〇萬一〇三四SHU，換算類辣椒素含量為六萬二六〇〇毫克，是三鷹的三十一倍左右。

筆者曾經進行過「印度斷魂椒」的栽培實驗，所分析得到的辣味成分含量平均高達四萬〇一二〇毫克，有些甚至超過五萬五〇〇〇毫克，光從數值就可感受到其勁辣的強度。不過，不只看數字，我們也親身體驗到它的辣勁程度。在使用印度斷魂椒的果實進行實驗時，儘管我們口罩不離口鼻，但是整個實驗過程當中不是噴嚏打不停，不然就是臉部感覺刺痛的灼熱，過程慘烈。由於它的劇烈勁辣，導致實驗時很難找到願意幫忙的學生，這是我目前遭遇的一大煩惱。

狠角色「千里達毒蠍布奇T辣椒」與卡羅來納死神椒

將印度斷魂椒拉下冠軍寶座的是「千里達毒蠍布奇T辣椒」（Trinidad scorpion 'Butch T' pepper）。正如其名，這種辣椒是位於西印度群島的南端，南美委內瑞拉北方的千里達及托巴哥共和國（Trinidad and Tobago）的原產品種，後來再經過美國密西西比州克羅斯比「Zydeco」農場的布奇．泰勒（Butch Taylor）進一步培育，成為更辣的品種。之所以將之命名為毒蠍，是因為它圓潤的果實末端有一個尖突，看起來就像是蠍子的尾刺一般。

這個品種的辣度是一四六萬三七〇〇史高維爾指標（ＳＨＵ），是過去金氏紀錄沙維那亞伯內洛紅辣椒（Red Savina Habanero）的二．五倍以上，光是想像那種壯烈的刺激感就令人不寒而慄。

但是，後來又出現恐怖程度更勝一籌的品種，名為「卡羅來那的死神」——卡羅來納死神椒（Carolina Reaper，彩頁ii頁）。

這個在西元二〇一三年八月被列入金氏紀錄中的品種，是由任職於美國南卡羅來納州「Puckerbutt Pepper」公司的「Ed Carrie」所培育而成，其辣度為一五六萬九三〇〇ＳＨＵ，甚至有強大到高達二二〇萬ＳＨＵ（十三萬五七〇〇毫克）的果實。

在金氏紀錄場外大亂鬥的莫魯加毒蠍超級辣辣椒（trinidad moruga scorpion）

除以上品種外，金氏紀錄的競技場外圍，還有一個品種在競爭世界第一辣的頭銜。西元二〇一二年二月，世界知名的美國新墨西哥州立大學辣椒研究所的保羅．波斯蘭（Paul Bosland）榮譽教授等在金氏紀錄之外，認定了「莫魯加毒蠍超級辣辣椒」是世界最辣的辣椒品種。它的辣度平均一二〇萬SHU，有些個體甚至超過二〇〇萬SHU，勁辣程度的確不遑多讓。這個品種也是來自千里達及托巴哥共和國的品種，據說是該國南部莫魯加（Moruga）地區的原生辣椒品種。

總之，這些辣椒都擁有一般人無法入口的辛辣程度，更遑論要靠人類的味覺品嘗來決定排名順序。不過，這些品種雖然是經過尖端的科技開發，卻也不是瘋狂科學家的傑作。被選拔出來的辣椒都是實際於墨西哥、印度、千里達及托巴哥栽種、居民也在日常飲食當中食用的品種。

牙買加燒烤的天造地設好搭檔——蘇格蘭圓帽辣椒（Scotch bonnet）

從哈瓦納辣椒開始，歷代世界第一辛辣的辣椒品種都屬於黃燈籠辣椒種（C.

Chinense）。為什麼只有黃燈籠辣椒種才會出現這些「超」勁辣的激辛品種呢？至今仍是未解之謎。不過，黃燈籠辣椒種並非只存在超勁辣品種，也包括了微辣到勁辣各種不同辛辣強度的品種與品系[7]，甚至也有完全不辣的品種。

在中南美各地，就有種類繁多的黃燈籠辣椒種被栽培、利用。例如在加勒比海地區，尤其在牙買加是以「蘇格蘭圓帽辣椒」最為知名。這個品種的果實形狀類似哈瓦那辣椒，但是果實表面有深陷的皺紋（或者該說是溝紋？），果實前端沒有尖突。蘇格蘭圓帽辣椒的辣味比哈瓦那辣椒溫和，但還是比日本所有的辣椒品種辣上許多，帶有果香以及煙燻味[8]，是一種非常受歡迎的品種。

加勒比海地區的各種辣椒醬都使用了蘇格蘭圓帽辣椒。《加勒比海文化誌》[9]曾介紹其中一種辣椒醬，它是將煮好的蘇格蘭圓帽辣椒壓成泥，加入二十種藥草、香料繼續熬煮而成。這種辣椒醬不僅美味可口，更能滋補強身。當然，所添加的藥草或許也發揮效用，不過感覺上蘇格蘭圓帽辣椒的辛辣更是為人帶來元氣的源頭。

談到蘇格蘭圓帽辣椒，最廣為人知的用途是烹調牙買加風格的烤雞「牙買加香辣煙燻雞」（Jerk Chicken）。「Jerk」的字源，來自南美洲原住民「Quechua」語的「charqui」，

用於牙買加香辣煙燻雞的牙買加烤雞調味粉

意為煙燻或烘乾的肉之意。「Beef Jerky」（牛肉乾）的「Jerky」也是來自「charqui[10]」。在燻肉乾的故鄉牙買加，會使用蘇格蘭圓帽辣椒、生薑、酸豆（tamarind）、肉豆蔻、百里香（thyme）、紅蔥頭、多香果（Allspice，香料的一種）以及萊姆果汁調製牙買加烤雞調味粉（Jerk Seasoning），然後以此調味粉醃製雞肉四小時甚至一個晚上以後，再使用多香果樹的伐木與木材一起燻製。我們家烤肉時也一定少不了牙買加香辣煙燻雞，很受家人和學生好評。

3　巧克力&辣椒

喜愛巧克力的阿茲特克王

在前文中介紹過除了辣椒外，玉米、馬鈴薯、地瓜、四季豆、落花生、番茄、南瓜都和辣椒一樣，是發源於中南美洲，然後傳播到歐洲去的農作物。另外，香菸與可可也都發源自中南美。所以辣椒和巧克力原本是同鄉。過去，南美洲人曾經將這兩種食物放在一起食用。

一般認為，過去墨西哥繁盛的古代文明奧爾梅克（Olmec）文明（紀元前一二〇〇年～紀元前四〇〇年左右）也曾經使用可可[11]。在文獻中記載[13]，十六世紀初葉阿茲特克帝國的國王蒙特蘇馬二世（Moctezuma II）是一位熱切喜愛巧克力的國王[12]，在他舉辦的宴會中，會端出以金色高腳杯盛裝的巧克力飲品。

當時，「巧克力飲品」是添加蜂蜜與辣椒的飲品[14]。馬雅人添加辣椒與香草當作熱飲喝的巧克力飲品，阿茲特克人則是以冷飲的形態飲用[15]的樣子。

另外，西元一六四八年英國的修士湯馬士．蓋吉所出版的《西印度群島的新通覽》中，就記載著當時的原住民如何調製巧克力飲品：「有時會添加黑胡椒，一般的原住民會添加一種稱作『Chire』、感覺辣到要燒掉嘴巴的當地產胡椒來代替一般的胡椒[16]」。

所以過去中南美洲人所謂的巧克力飲品，其實是添加了辣椒辣口的飲料。到了十八世紀，法國人的巧克力喝法依然受到這種調味方法影響，巧克力中不僅添加砂糖，據說有些還添加了辣椒[17]。今日的墨西哥人仍在飲用的「Pozol」、「Tejate」、「Champorado」等各種添加可可亞的飲料裡，據說有些也含有辣椒[18]。

巧克力與辣椒的甜蜜關係

嗜巧克力成癡的阿茲特克帝國國王蒙特蘇馬二世雖然被西班牙人埃爾南·科爾特斯（Hernán Cortés）殺害（也有人稱是在阿茲特克人反抗中遭殺害），但是他所深愛的巧克力卻經由殺死他的西班牙人之手傳播到歐洲，甚至全世界，在數百年後的今天，成為眾所皆知的食品。但是辣椒與巧克力在跨越大西洋以後，逐漸被分開使用，兩者也漸行漸遠。

在數百年後的今天，愈來愈多糕點師父嘗試在甜點中添加辣味。除了生薑外，也出現添加了黑胡椒、八角等乍見之下讓人感覺配錯對的甜點，但是其味道往往意外地可口。

當然，辣椒也再度踏入了甜點的世界，搭配的對象除了巧克力外當然別無他物。

瑞士知名的巧克力廠瑞士蓮（Lindt）公司推出了添加辣椒的板狀巧克力，法國的克勞斯（Kalus）公司的巧克力添加了唯一獲得法國AOC認證（關於法定產區管制參照一二六頁）的辣椒——西班牙巴斯克（Vasco）地區的品種埃思佩萊特（Piment d'Espelette）辣椒。日本的信州老鋪八幡屋礒五郎也製造、銷售添加了七味唐辛子的巧克力。不管是哪一種巧克力，那股緊接在香氣與甘甜之後，在口中散開的刺激辣味與風味，都帶給人奇妙的快感。

就這樣，在漫長的時間長河中分道揚鑣的兩個同鄉——巧克力與辣椒又再度重逢。巧克力是甜蜜的糖果，辣椒是料理的調味料，若謹守這種成見的人看到添加辣椒的巧克力時，可能會露出訝異的表情，但是，就在四〇〇年前左右，這兩種食物早就被一起食用，兩者的口味其實很搭調。

①

②

添加辣椒的板狀巧克力
①瑞士蓮公司的「Excellence Chili Pepper」（左）與克勞斯公司的「Pomelo Pepper Dark」
②八幡屋礒五郎「SPICE CHOCOLATE唐辛子」

巧克力料理「莫雷」（Mole）

在墨西哥料理中，巧克力不僅作為飲品，在墨西哥南部的普埃布拉州（Puebla）、瓦哈卡州（Oaxaca）的地方料理「墨西哥巧克力辣醬雞」（Mole Poblano），是一道將火雞肉、雞肉，加上用乾辣椒經泡水製作的辣椒醬、肉桂、葛縷子藏茴香（Caraway seeds）、葡萄乾、杏仁、大蒜、番茄以及巧克力製作的醬料一起燉煮而成的料理。據說「莫雷」在墨西哥原住民納瓦人（Nahua）的納瓦語中是「莎莎」（醬料）的意思[19]。

關於這道料理的起源有此一說[20]，當時普埃布拉州聖羅莎修道院的修女為前來訪問的主教特別準備了一道使用可可與辣椒，以及各式各樣食材烹製而成的料理。另外一個說法是，某個修道院的廚師正在為前來拜訪的總督製作料理時，本來分開來擺放的食材因為一陣狂風被吹進一個鍋子裡，造就了這道菜。這道菜雖然誕生於墨西哥的西班牙殖民時期，但今天已經成為墨西哥的代表性料理之一。

「莫雷」結合了巧克力、辣椒等各種辛香料，將食材的香氣、甘甜、辛辣、雞肉的美味融合成一體，充滿了難以用言語形容的滋味。乍入口時首先會因為那股滋味而充滿狐疑，但是第二口、第三口之後就會對那種厚實複雜的味道著迷。但實際上除非有人提點，否則真吃不出其中含有巧克力的味道。

4　豐富的辣椒食文化

以辣椒熬高湯

「墨西哥巧克力辣醬雞」（Mole Poblano）中的「波布拉諾」（Poblano）是一種墨西哥辣椒的名稱。這種辣椒呈圓錐形，是果肉厚實、果形碩大的品種，在墨西哥眾多辣椒品種中屬於辣味較溫和品種。在墨西哥，往波布拉諾辣椒的果實中塞餡料的料理「鑲餡大青椒」（Chile Relleno）十分受歡迎。

但是在「墨西哥巧克力辣醬雞」中又是如何運用波布拉諾呢？

前面提到「墨西哥巧克力辣醬雞」使用了將乾辣椒經過泡水製作成辣椒醬。根據大廚渡邊庸生的著作，乾辣椒的種類包含了「Ancho」、「Mulato」、「Pasilla」（帕錫亞辣椒乾）三種[21]。裡面有的會加上「Chipotle」，但是都看不到「波布拉諾」的大名。其實這四種辣椒當中，「Ancho」和「Mulato」都是乾燥的「波布拉諾」。

將墨西哥辣椒烘乾煙燻製成的辛香料「Chipotle」

「Ancho」帶著菸草、葡萄乾、李子乾的口味與香氣[22]，直接拿起來吃的話，味道與風味就像果乾一樣，反而不像辣椒乾。另一個「Mulato」是將波布拉諾乾燥以後再煙燻，口感較「Ancho」硬，色澤黝黑，帶有煙燻的芬芳。一般認為「Ancho」比較辣，不過實際拿來咀嚼會發現兩種辣椒乾的辣味都很溫和，辣勁不分軒輊。

也順帶介紹一下另外兩種乾燥辣椒。

帕錫亞辣椒乾（Pasilla）是其拉卡辣椒（chilaca）品種的乾燥品，果實長達十五公分以上，色澤深綠，乾燥後呈暗褐色。在渡邊庸生大廚的著作中，描述它「帶有日本昆布般的香氣與口味[23]」。

「Chipotle」則是將墨西哥辣椒（chile Jalapeño）烘乾煙燻過的辣椒，在渡邊大廚的文中描述「具有濃厚的鮮味與煙燻的香氣[24]」，既有鮮味又有煙燻的香氣，這豈不是日本柴魚般的口味[25]嘛。在肉的料理或燉煮料理中只要添加「Chipotle」，味道就變得更為美味。

「Chipotle」的原料墨西哥辣椒屬於果肉厚實的品種，我想很多讀者應該在連鎖漢堡店或三明治店嘗過醃漬過的墨西哥辣椒切片。

墨西哥人使用「帶著昆布味道」的「帕錫亞辣椒乾」和「帶有鰹魚味道」的「Chipotle」烹調食物，顯示他們對辣椒追求的不僅只是辛辣的味道而已。過去我曾因為工作有機會與渡邊大廚同席，他說「墨西哥人以辣椒熬煮高湯」，這句話讓我印象深刻。辣椒之於墨西哥料理，就像昆布和柴魚之於日本料理般，是不可或缺的一部分。

瓶頸效果與飲食習慣

人們普遍認為中南美洲是辣椒的發源地，正如瓦維洛夫（Vavilov）的理論所說——「在某項作物的發源地，該作物的基因多樣性會更為豐富」，在中南美洲也存在著各式各樣的辣椒野生種。所謂的「中南美」其實包含了亞馬遜的熱帶雨林，以及安地斯山脈這類高海拔地區。在地理、氣候充滿多樣性的環境中，不難想像自然因素也促進了辣椒的多樣性。

引人注目的不僅是基因上的多樣性，豐富的辣椒品種也讓中南美的食物文化更為多元。各種民族的人們，從自己居住的地區採集辣椒，以各自的喜愛方式食用辣椒，這件事顯示基因的多樣性更創造出文化的多樣性，十分有趣。

在基因學的用語中有一個叫做「瓶頸效應」（bottleneck effect）的用語，是指某個種群的數量因某種因素驟減以後，若其子孫再度繁殖，會形成遺傳多樣性有限的集團。中南美洲存在著辣椒的五種栽培種，但是大約只有三種在其他的大陸、地區被傳播、固定下來，而且大部分都是辣椒種（*C. annuum*），這情形可視為當辣椒從中南美洲經由歐洲擴散到世界各地時，出現了種群瓶頸效應。

那麼，中南美洲多樣性豐富的辣椒所創造出的飲食文化情形又如何？

令人感到遺憾的是，中南美洲的飲食文化雖受瓶頸效應影響，傳播到歐洲的狀況卻幾乎為零。辣椒與巧克力分別傳到歐洲，但是卻未見兩者被拿來一起食用，這就一個活生生的例子。

因為瓶頸效應的關係，辣椒在降低基因多樣性後傳播到全世界，之後就融入各地的飲食習慣中，各地以各自的方式食用辣椒。

中南美洲的辣椒飲食文化雖然沒有流傳到歐洲，但是辣椒在世界各地落地生根，同時也誕生了各種新品種，更創造出多樣的飲食文化。下一章起，我們將來仔細看看辣椒的後來發展。

第七章　原產地命名保護制度與鄉土料理——歐洲

1　從西班牙到巴斯克（Vasco）地區

辣椒在十五世紀末期被帶入歐洲。首先來看看最早可能由哥倫布從美洲大陸帶回辣椒的西班牙。

西班牙的「獅子唐辛子」

西班牙料理近來在日本愈來愈受歡迎。去到西班牙酒吧最受歡迎的開胃菜（Tapa＝小菜）之一就是辣椒料理。例如「小青椒」（Pimiento de Padrón）以橄欖油炒過（或許更接近油炸），然後只撒些鹽調味，非常簡單。不過在日本很難取得小青椒，所以經常以獅子唐辛子取代。

事實上，小青椒不僅在外觀上與獅子唐辛子十分接近，辣味溫和這一點也很相似。除此之外，通常這種辣椒並不辣，但偶爾也會出現辛辣的果實[1]，兩者之間連這一點也都類似。在燒鳥屋的招牌料理中，有一道菜是獅子唐辛子串燒撒鹽調味，這種簡單的調理方式最能凸顯出食材本身的美味，兩者在這件事上也有共通之處。

小青椒的產地在西班牙西北部的加利西亞區（Galicia）拉科魯尼亞縣（La Coruña）西南部的帕得龍（Padron），其中尤其以帕得龍五個地區中的「Herbón」地區最為知名，

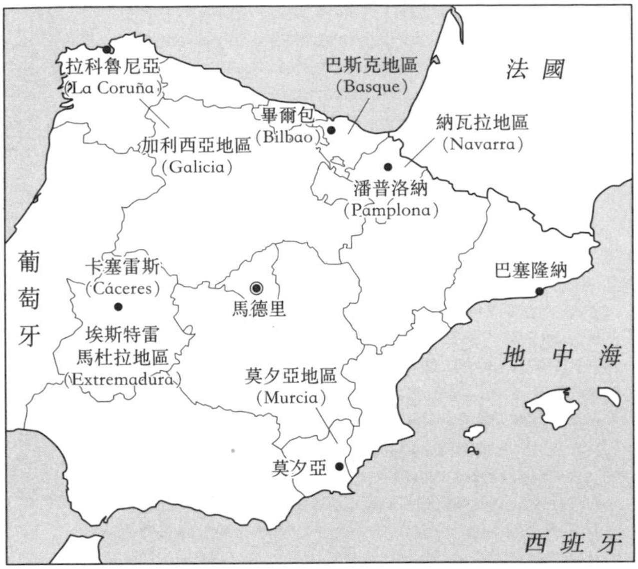

小青椒有時甚至被稱作是「Pimiento de Herbón」。據說小青椒最早源自十七世紀，一位方濟各會的修士將種子帶到「Herbón」修道院栽種而來，從這個傳說可以感受到其中悠久的歷史[2]。

西班牙公認的在來品種

小青椒（Pimiento de Padrón）是一種受原產地命名保護制度保護的品種。

所謂的原產地命名保護制度，是指為了

提供消費者正確的資訊，對各個地區傳統農產品與食品的品質加以規範，唯有符合規範者才能冠上原產地的稱呼，藉此保護原產地的名稱，避免遭到誤用或盜用。而且，這套制度也幫助一個地區維持當地飲食文化的傳承，以及刺激農業與食品產業的發展。獲得這套制度保護的農產品、食品、鄉土料理，等於成為該國或該地區公認的重要飲食文化。

西班牙的原產地命名保護制度「Denominación de origen」（Designation of Origin，DO）是由西班牙農業、漁業和食品部規定。這套制度的註冊農產品與食品有葡萄酒、起士、橄欖油等在日本也很知名的產品，其他還有蔬菜類、辛香料類，包括小青椒這種辣椒，蔬菜類共有十個品種註冊。

在西班牙北部納瓦拉（Navarra）區的紅色甜椒「Pimientos del Piquillo de Lodosa」也是名列DO的品種之一。在西班牙的店家可以看到這種挖掉芯的烤紅甜椒罐頭，納瓦拉區一道著名料理就是在罐頭紅甜椒內塞入美奶滋鮪魚或者填入拌生火腿肉的奶油醬，稱作「紅椒塞肉」（Pimiento del piquillo relleno，彩頁iv頁），紅色甜椒的甘甜更凸顯出料理的美味。

在與納瓦拉區相鄰的巴斯克區則有「Pimientos de Gernika」獲選為DO品種。它和「西班牙獅子唐辛子」——小青椒類似，有綠色的果實，味道也不辣。

除此以外，還有其他辛香料的作物也被登錄在DO清單中。

其中產於西班牙西南部的埃斯特雷馬杜拉（Extremadura）自治區卡塞雷斯（Cáceres）「La Vera」地區的「Pimenton de la Vera」，以及西班牙東南部莫夕亞（Murcia）區的「Pimenton de Murcia」兩種都是西班牙料理中不可或缺的有名紅甜椒。尤其是「Pimenton de la Vera」乃是透過煙燻方式乾燥，因此帶有煙燻的香氣，口味獨特，與紅甜椒的甘甜十分和諧，添加在料理中更增加濃郁的味道。「Pimenton de la Vera」分為辣味（Picante）與甜味（Dulce）兩種〔我的學生去蜜月旅行帶回給我的禮物還有第三種口味，帶苦甜味（agridulce），它的味道略帶酸味與苦味，層次豐富〕，前者的辣味據說是傳

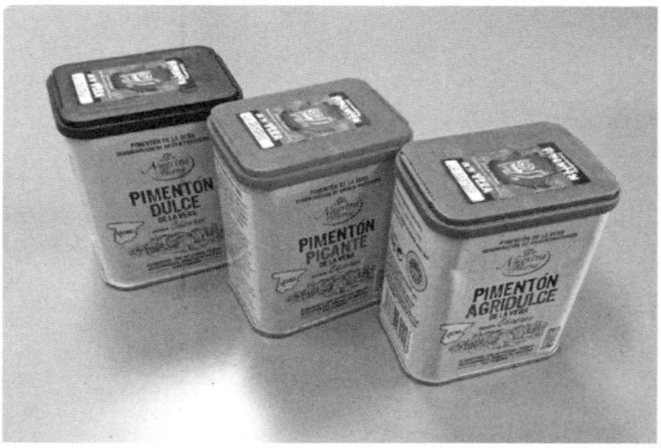

紅甜椒辛香料PIMENTON DE LA VERA
由左到右為甜味、辣味、帶苦甜味

統「Pimenton de la Vera」的口味[3]。

辣椒之鄉埃思佩萊特（Espelette）

「Pimientos del Piquillo de Lodosa」的產地納瓦拉（Navarra）區與「Pimientos de Gernika」的產地巴斯克（Vasco）區居住的都是巴斯克人，因此這個地區稱作巴斯克地區。不過巴斯克地區幅員遼闊，甚至跨出西班牙國境到達法國領地。

位於法國領土內的巴斯克地區稱作法屬巴斯克，在該地區有個稱作埃思佩萊特的小鎮生產的辣椒非常有名，當地家家戶戶門前都曬著大量的鮮紅辣椒，在每年秋季舉辦的「辣椒節」（Fete du piment）名聞遐邇。

這個小鎮的特產、火紅的辣椒被稱為「Piment d'Espelette」，或是簡稱「埃思佩萊特」（Espelette）。這種辣椒的果實長約十公分，長得圓圓胖胖呈圓錐形，甜度濃郁極為美味。市面上銷售著整顆曬乾的辣椒果實或者磨成粉末的辣椒粉，辣椒粉散發著甘甜的香氣。

埃思佩萊特辣椒是巴斯克料理不可或缺的調味料，其中最有名的一道是名為「辣椒牛肉」（axoa）的燉菜。「axoa」在巴斯克語中，是「切成小丁」的意思，這道料理將洋蔥、青椒、大蒜等材料切成小丁，加入牛肉或羊肉的絞肉與埃思佩萊特辣椒一起燉煮。如果使用的是小牛肉，就稱為「axoa de veau」，是一道巴斯克佳餚。當地人以這道燉菜搭配水煮馬鈴薯或薯條，不過搭配米飯也很可口。

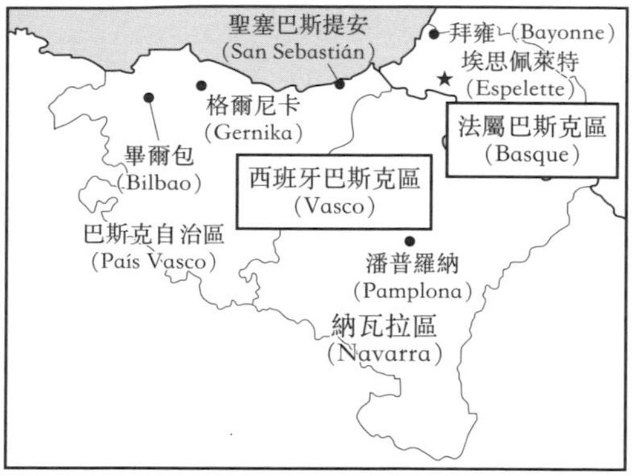

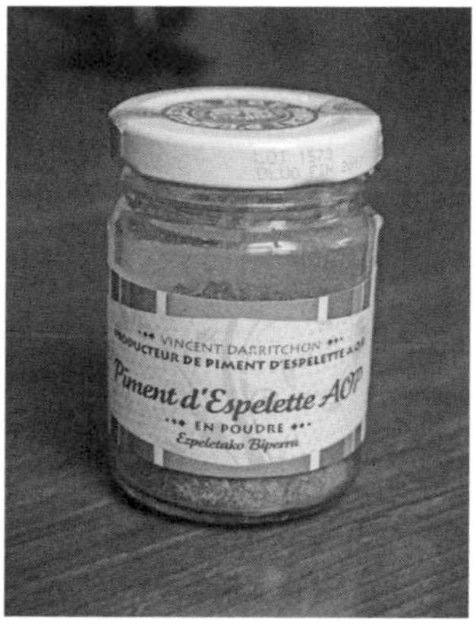

埃思佩萊特辣椒粉

「巴斯克燉甜椒」（Piperade，彩頁iv頁）也少不了埃思佩萊特辣椒。番茄、青椒、洋蔥切成大丁，加上蒜末和埃思佩萊特辣椒，先炒過再燉煮而成，和法國普羅旺斯的普羅旺斯燉菜以及義大利的西西里島燉菜（Caponata）有些類似。「巴斯克燉甜椒」搭配煎過的拜雍生火腿

（Bayonne）享用是巴斯克料理的招牌吃法，有時候也會與歐姆蛋搭配，甚至將這道菜淋上蛋汁一起煮成半熟狀態食用。

除此之外，還有將煎過的雞肉與番茄、紅甜椒一起燉煮成的「巴斯克風煎雞肉燉菜」（Poulet basquaise），其口味關鍵也在埃思佩萊特辣椒；也有利用埃思佩萊特辣椒調味的「拜雍火腿」（Jambon de Bayonne），拜雍火腿是法屬巴斯克的主要城市拜雍的特產品，據說有一款生火腿商品是以埃思佩萊特辣椒完整包住火腿。

這種「Piment d'Espelette＝埃思佩萊特辣椒」受到法國的原產地命名保護制度「Appellation d'Origine Contrôlée」（AOC）保護，只有在巴斯克十個地區生產的辣椒才可冠上「埃思佩萊特」之名。

2　義大利

媽媽的蒜香辣椒義大利麵

哥倫布雖然是受西班牙王室命令航海抵達中南美洲，但是哥倫布本身是義大利人。他的故鄉現在是怎麼使用辣椒呢？

電影導演盧．貝松（Luc Paul Maurice Besson）在西元一九八八年拍攝的電影《碧海藍天》（Le Grand Bleu）中，主角的競爭對手、由法國演員尚．雷諾（Jean Reno）擔綱演出的角色恩佐（Enzo），他的母親做了一道「蒜香辣椒義大利麵」（Peperoncino）。這道義大利麵的正確名稱為「Aglio, Olio e Peperoncino」，在義大利語中，「aglio＝大蒜」、「olio＝油」、「peperoncino＝辣椒」的意思。儘管這道義大利麵的調味只有以橄欖油炒香的大蒜以及辣椒（也會添加洋香菜），非常簡單，但是不僅是義大利的母親們會烹調，這道有「家常菜」之稱的料理一點也不豪華奢侈，卻是一道簡單又吃不膩的料理。

在日本，義大利料理界的名廚片岡護大廚的著作[4]中，他提到這道「蒜香辣椒義大利麵」中添加辣椒，不是為了賦予強烈的辣味，而是利用辣椒的辣味來提味。想一想，一道沒有添加辣椒的蒜香辣椒義大利麵（如果是這樣，就不叫做「蒜香辣椒義大利麵」了），味道就會變成模糊沒有重點的口味吧。片岡大廚寫道「少了辣椒，只能說極為難吃之至」。

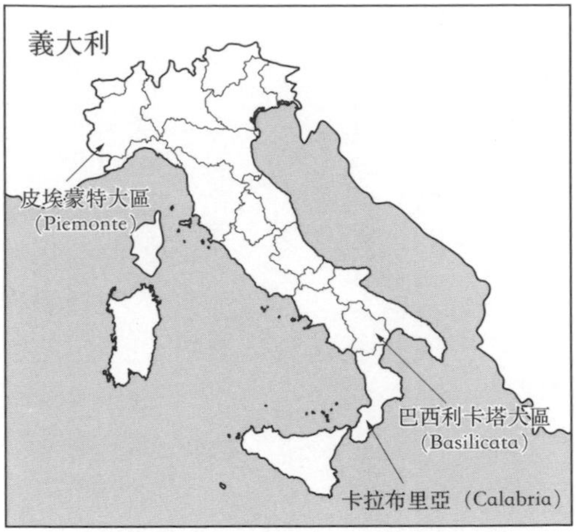

另一道運用辣椒的著名料理是「香辣茄醬筆管麵」（Penne all'arrabbiata）。這道麵食使用的是形狀宛如筆尖的短管義大利麵「筆管麵」，加上添加辣椒、辣味強勁的番茄醬食用。「all'arrabbiata」這個名稱讓很多人誤會是「阿拉伯風」的意思，但所謂的「arrabbiata」在義大利語中是「憤怒的男孩[5]」之意，換言之，就是以「憤怒」來呈現辣椒辛辣的味道，這樣的形容方式的確不難想像。

除了義大利麵外，「辣椒鑲肉」（Peperoncino ripieno，彩頁v頁）也是義大利料理中知名的辣椒料理。這道菜使用圓形的小辣椒品種「Peperoncino Rotondo」，拿掉胎座、隔壁、種子，填入鮪魚等的餡料。

辣椒產地卡拉布里亞（Calabria）大區

辣椒在西元一五二六年傳入義大利。

順帶介紹，義大利料理必備的食材番茄，它和辣椒同樣是起源於新大陸的茄科作物，在西元一五二二年，比辣椒早四年傳入義大利。番茄和辣椒最早都是傳入當時屬於西班牙國土的拿坡里，然後再從拿坡里傳遍整個義大利[6]。

目前義大利知名的辣椒產地是在卡拉布里亞。義大利的國土形狀就像一支靴子，而卡拉布里亞就位於靴子鞋頭的部位。位於這個大區裡的迪亞曼泰（Diamante）從西元一九九二年起每年都會舉行辣椒節（Peperoncino Festival），除了義大利國內，整個歐洲的辣椒愛好者都會前來參加[7]。

在卡拉布里亞大區裡有幾道知名的辣椒料理，其中之一是「辣魚醬」（sardella），又被稱作「Rosamarina」。這道菜是以辣椒和鹽醃漬沙丁魚苗，當地人也把它稱作是「窮人的魚子醬」。我曾經在東京大井町的卡拉布里亞料理餐廳「Fabiano」嘗過「辣魚醬」，滑順鹹辣狀態下的熟成口味，相比魚子醬不遑多讓。不！那個美味或許該說比魚子醬更勝一籌。

卡拉布里亞還有一道知名的料理「恩杜亞辣肉腸」（nduja，彩頁v頁）。在卡拉布里亞大區西邊的部分，我們重新以靴子來作比方，就在相當於腳背位置的維博瓦倫蒂亞縣（Vibo Valentia）的斯皮林加村（Spilinga），當地名產即為「恩杜辣肉腸」。它是將切碎的豬肩胛肉加上五花肉或者內臟和辣椒、鹽一起填入豬膀胱或豬盲腸熟成的食物。通常被稱作卡拉布里亞辣味薩拉米腸（salami），但它不是香腸，而是成型的糊狀，可直接塗在麵包上。製作時應該添加了相當大量的辣椒粉，在視覺上色澤鮮紅，也很辣口。由於經過發酵製作，帶著一股酸味，經過熟成的味道擁有豐富的層次。「恩杜亞辣肉腸」可以用來當作義大利麵的醬，增加料理的濃郁口感與辣味，可以說是義大利版的肉醬。

除此之外，在卡拉布里亞還有稱作「辛辣義大利腸」（Soppresata）的辣椒薩拉米腸（salami），以及用豬背肉做的生火腿加上辣椒調味的「義式寇帕火腿」（Capocollo）。從「辛辣義大利腸」（Soppresata di Calabria）、「義式寇帕火腿」（Capocollo di Calabria），還有「義大利肉腸」（Salsiccia di Calabria）、「義大利醃培根」（Pancetta di Calabria）四種豬肉產品，都獲得義大利的原產地命名保護制度（Denominazione di

Origine Protetta，DOP）選出保護。

塔巴斯科（Tabasco）辣椒醬不是義大利料理

在日本吃義大利料理時，有個跟辣椒有關的習慣是在義大利國內見不到的，讀者大概也猜到八九分了。答案是在義大利麵或披薩上加塔巴斯科辣椒醬（正確說法應該是麥克漢尼公司的塔巴斯科辣椒醬）一起吃的習慣。

其實這個日本獨特的飲食習慣，是昭和年代代理塔巴斯科辣椒醬的日本進口代理商專攻咖啡廳銷售的結果。當時咖啡廳所提供的餐點除了三明治與咖哩飯外，就是日式拿坡里義大利麵、肉醬義大利麵，還有披薩風吐司或披薩派（當時還不稱作披薩，而叫做披薩派）。其中的番茄口味（其實應該是番茄醬口味）的義大利麵或披薩派的味道與塔巴斯科辣椒醬很搭調，所以塔巴斯科辣椒醬成了義大利麵和披薩的固定搭檔。

這讓我想起從前一個電視猜謎節目中的內容，距今久遠我的記憶也有些模糊。節目裡介紹了義大利的高級餐廳（Ristorante），題目問到：「這家店的菜單上有一道『日本風』

義大利麵，請問它的口味是什麼？」結果答案不是醬油口味也不是味噌口味，竟然是塔巴斯科辣椒醬口味。據說，是因為有太多日本觀光客向餐廳詢問「有沒有塔巴斯科辣椒醬」，結果餐廳開發一道塔巴斯科辣椒醬口味的義大利麵，還將之命名為「日本風」。

塔巴斯科辣椒醬是位於美國南部路易斯安那州（Louisiana）麥克漢尼公司（Mcilhenny Company）的產品，原料使用原產於墨西哥塔巴斯科州的小米椒種（*C. frutescens*）「塔巴斯科」辣椒（彩頁iii頁）。塔巴斯科辣椒醬原本是用在美國南部卡郡人（Cajun）料理的調味料，但是在遇到義式料理的義大利麵和披薩以後，又產生了新的飲食文化。而且還在日本的咖啡廳裡普及開來……

我深深覺得，當談到辣椒的起源與傳播，以及相關的飲食文化時，若遇到這種「跳痛」的狀況，實在很難用三言兩語解釋清楚。不過也因為這樣，才凸顯出辣椒特有的趣味與深度也說不定呢。

甜椒（Peperone）與甜椒燉菜（Peperonata）

在義大利，經常使用不辣的大型辣椒「甜椒」，也就是彩椒。甜椒是義大利常見的蔬菜之一，尤其西北部的皮埃蒙特大區（Piemonte）是知名的產地。皮埃蒙特的甜椒料理中有一道著名的甜椒燉菜（Peperonata），此外，剝除以火烤過的甜椒果皮，然後用油醃泡（Marination）調理出的「油漬甜椒」也很美味。另外，單純利用橄欖油和鹽調味的生蔬菜沙拉棒「Pinzimonio」或者以蔬菜沾熱鯷魚醬的「Bagna càuda」都少不了甜椒。

皮埃蒙特大區也是發起慢食（Slow food）運動的發源地。「慢食」是「速食」的相反詞，提倡慢食運動是為了重新檢視地方的傳統農產品以及其飲食文化。最早發生在羅馬，源自當地人反對麥當勞開店的活動，另外一個契機則與皮埃蒙特大區的著名料理甜椒燉菜有關。因為慢食運動的發起人義大利人卡爾洛·佩特里尼（Carlo Petrini）在皮埃蒙特的餐廳享用甜椒燉菜時，發現味道差強人意，於是他就詢問廚師，得知所使用的甜椒不是傳統的品種，而是使用進口便宜的甜椒烹調，這也提醒他開始關注地方蔬菜的重要性[8]。也就是說，一道辣椒料理，從此引發了席捲世界飲食文化的活動。

芳香的乾炸甜椒（peperoni cruschi）

如前所述，甜椒（Peperone）與皮埃蒙特大區（Piemonte）之間存在密不可分的關係，但根據熟悉義大利蔬菜的長本和子老師的著作[9]所示，義大利南部的巴西利卡塔大區（Basilicata）也是甜椒的產地。巴西利卡塔大區位於義大利靴子形國土腳掌心弓起的部位，與義大利第一辣椒名產地卡拉布里亞大區（Calabria）相鄰。

根據長本老師書中的敘述，義大利的甜椒可分為果實呈四方形（鐘形）的品種、大型長方形（較長的鐘形）的品種，以及前端尖如牛角形（圓錐形）的品種，在巴西利卡塔大區最有名的是前端尖尖的品種，尤其以該大區塞尼塞（Senise）產的最為知名。

在巴西利卡塔大區，除了將當地產的甜椒用在甜椒燉菜（Peperonata）外，也會拿來和馬鈴薯一起燉煮，或是烤著吃。但是談到當地最著名的辣椒料理，絕對少不了將乾燥後的甜椒拿去油炸製成的「乾炸甜椒」（peperoni cruschi，彩頁v頁）。曾有前往義大利旅行的友人帶回土產「乾炸甜椒」送我，氣味芬芳香脆，當作零食也是非常美味的佳餚。

義大利不僅擁有豐富的辛辣辣椒，也有很多屬於甜味的辣椒品種。形形色色的甜椒，加上燉煮、生食、乾燥後油炸等種類繁多的烹調方式。

從這麼多元多樣的品種與烹調方式，也可一窺義大利深遠的辣椒文化。

匈牙利布達佩斯市場裡販賣的紅甜椒

3　東歐各國與紅甜椒(paprika)

匈牙利的匈牙利湯（Gulyás）

歐洲的辣椒文化不僅止於西班牙、義大利等南歐國家。在東歐國家，味道甜美的辣椒＝紅甜椒也是餐桌上不可或缺的食材。

首先看從紅彩椒分離出維他命C而獲得諾貝爾獎的生理學家阿爾伯特・聖捷爾吉（Szent-Györgyi Albert）其家鄉匈牙利。

在這個紅甜椒的一大產地，當地的鄉土料理有稱作「匈牙利湯」（彩頁v頁）或「波蔻特」（pörkölt）的料理。這兩種料理都是使用肉、蔬菜，加入紅甜椒粉下去燉煮的佳餚，「匈牙利湯」為湯料理，「波蔻特」則是燉菜[10]。它們的基本款使用的肉為牛肉，蔬菜則為洋蔥與番茄，但是也會使用羊肉、豬肉、肉腸，或添加其他的蔬菜，可做各種各樣的變化。

羅馬尼亞的開胃菜（zakuska）

在匈牙利的鄰國羅馬尼亞境內，紅甜椒也是重要的蔬菜。

我們研究室有一位畢業生川澄志保[11]（婚前舊姓守屋）曾經參加青年海外協力隊，被派到羅馬尼亞的奧爾特縣（Judeţul Olt）斯拉蒂納市（Slatina）。她曾告訴我在羅馬尼亞，甜椒大致分為「Gogoshary」、「Capia」以及「Ardei gras」的三個品種，另外，也有一種稱作「Ardei Iute」、會辣的辣椒品種。

「Gogoshary」的果實外型扁平，形狀類似番茄或南瓜，是一種果肉非常厚的甜椒；

羅馬尼亞的甜椒粉與辣椒粉
左起為兩種甜味紅椒粉，以及辣味紅椒粉、辣椒粉

「Capia」也被稱為「Ardei Lung」，「Lung」是長的意思，「Ardei」是「甜椒」的意思；「Ardei gras」是「胖甜椒」，「Ardei Iute」是「辣甜椒」的意思。

這些甜椒很少直接拿來食用，通常會做成蔬菜泥，或以醃漬、開胃菜等方式保存食物。事實上，「Gogoshary」幾乎都被當作開胃菜的材料使用。

所謂的開胃菜（Zakuska），是蔬菜燉煮而成蔬菜泥，材料有經過火烤的「Gogoshary」，或者是將「Capia」的皮烤焦剝除，加上同樣將皮烤焦剝除的茄子，再加入大蒜丁與番茄湯熬煮。在羅馬尼亞的每個家庭裡，都會趁著甜椒收穫期大量製作開胃菜，裝在瓶子裡保存，留待冬天沒有蔬菜時再拿出來吃。

另一種甜椒「Ardei gras」通常用來製作鑲餡料理，例如將胎座、隔壁以及種子拿掉，然後填入高麗菜、紫甘藍、紅蘿蔔、根芹菜（Celeriac）等等醃漬成醬菜，或者填入肉或起士等作成鑲餡料理。

可能因為「Ardei gras」果肉較薄，方便乾燥，因此通常被加工成甜椒粉，另外帶有辣味的「Ardei Iute」也同樣乾燥後製成粉。這意味著在羅馬尼亞的甜椒粉分為甜粉（Boia Dolce）與辣粉（Boia Iute）兩種。

這些甜椒粉的色澤鮮豔，是羅馬尼亞在聖誕節製作煙燻肥豬肉時必不可少的染色材料。

一般人往往以為使用辣椒的飲食習慣除了辣椒的發祥地中南美洲外，只存在亞洲或非洲，比較不會聯想到歐洲。但是正如本章的內容，歐洲人也非常喜歡各種辣椒，在各地都有悠久的使用歷史。有些料理少了辣椒根本無法成立。例如在義大利，辣椒被視為是「媽媽的味道」，羅馬尼亞則把辣椒作為聖誕節菜餚的重要食材。甚至在法屬巴斯克的埃思佩萊特（Espelette）小鎮，整個城鎮完全被辣椒的顏色染紅。

辣椒傳播到各個地區，在抵達當地以後經過漫長時間成為在地飲食習慣的一部分。時至今日，其中有部分甚至受到原產地命名保護制度列為「傳統食材」、「傳統料理」，進一步受到保護。

辣椒從中南美洲傳到歐洲時，南美的辣椒飲食文化並未同步被傳播到當地，令人甚感遺憾；但是，辣椒來到了新的土地，在當地生根普及，豐富了當地居民的飲食文化。

受到辣椒如此豐富恩典的不只是歐洲國家，為了親眼目睹辣椒的影響，接著我們將把旅途轉向非洲。

第八章　黃燈籠辣椒種大活躍——非洲

1　西非

芬芳而風味豐富的黃燈籠辣椒種

前文中也稍微提過，我在西元一九九八年曾經拜訪過西非國家象牙海岸與布吉納法索。當時我不是以辣椒研究者的身分，而是一般的農業專家。那時我的任務是調查這兩個國家的農業、福利、衛生等實際狀況[1]，但是在農業調查的過程中，也前往市場調查市面上販售的農產品，結果眼光被色澤豔紅的農產品吸引。我在象牙海岸的三個市場裡見到的農作物，從植物種類來看高達五十種，銷售的辣椒有辣椒種（*C. annuum*）、小米椒種（*C. frutescens*）、黃燈籠辣椒種（*C. chinense*）三種[2]。

在熱帶、亞熱帶的亞洲，最常用的辣椒為辣椒種，其次為小米椒種，黃燈籠辣椒種卻相當罕見。但是在象牙海岸的市場或布吉納法索的路邊攤，數量最多的辣椒生果實就是黃燈籠辣椒種。有頭尖尖身體稍胖的果實，有縮小版的青椒形狀，也有像南瓜般腰圍較寬廣的形狀，充滿各式各樣的黃燈籠辣椒種辣椒，但總體來說，都比一般辣椒種辣味品種或小米椒種的體型都矮胖。在人類學家川田順造教授有關辣椒的著作[3]中，就介紹過布吉納法索人使用黃燈籠辣椒種辣椒的方式。

談到黃燈籠辣椒種，例如哈瓦那辣椒（Habanero chilli）或辣味更強烈、金氏紀錄等級的品種，都屬於這個品種，若要嘗嘗味道的話必須提高警覺。因此在象牙海岸，我在品嘗辣椒時都會咬一點點嘗試，儘管當地的辣椒遠比日本一般辣味的辣椒品種味道都辣，但是辛辣的程度都剛剛好，或者說沒有太過度的辣味。而且，除了辣味外，果實的甘甜與芳香非常美味。這也讓我

①

②

西非的辣椒
①象牙海岸的黃燈籠辣椒種（左）與辣椒種兩種
②塞內加爾的黃燈籠辣椒種KARNI HEN（音譯）

明白黃燈籠辣椒種辣椒為什麼是當地銷售量最佳的品種——換言之，讓我理解這種辣椒備受喜愛的原因。

那麼，除了象牙海岸和布吉納法索以外的地區又是什麼狀況呢？在池野雅文的著作[4]中就詳細介紹了同為西非國家的塞內加爾之辣椒情事。

根據他的著作，提及塞內加爾的代表性辣椒為一種稱作「KARNI HEN」（音譯）、形狀長得像南瓜的品種，據說風味極為豐富。像這種廣受塞內加爾百姓喜愛的辣椒品種也屬於黃燈籠辣椒種。

東非的坦尚尼亞西南方有一種稱作「pilipili mbuzi」的黃燈籠辣椒種，是烹調山羊湯的必備的調味料[5]。另外，在迦納、薩伊也都有栽種黃燈籠辣椒種[6]。這種在亞洲屬少數的品種，在非洲竟然是主流品種，實在是個有趣的謎。

加了辣椒的非洲版湯泡飯

在象牙海岸，當地人的主食是山藥、樹薯等的芋頭類，以及含不甜澱粉質的芭蕉，但其實這個國家的南部也有米倉。這裡栽種的是和亞洲栽培稻「Oryza sativa」種不同的非洲稻米（非洲栽培稻「Oryza glaberrima」），以及在來米，這個地區自古以來就以米作為主食。

象牙海岸的官方語言為法語。法語的白飯叫做「riz」，在一般庶民料理中有一道稱作「riz source」的料理，直譯叫做「醬汁飯」，也就是非洲版的「湯泡飯」。不過雖說是醬汁飯，卻不像是伍斯特醬（Worcestershire sauce）那樣的東西，比較接近燉菜的燉煮料理。

我在象牙海岸吃過幾次這種「醬汁飯」，但是不同的店家口味與食材各異，看來有各種做法配方。我在鄉下小店裡吃過的是以番茄醬調味，加了魚和茄子。醬汁濃稠，應該是因為醬汁中添加了當地常見的豆子（班巴拉豆，Vigna subterranea）磨成的豆泥。另外，我在象牙海岸最大城市阿必尚（Abidjan）一家名為「MAKI」的大眾食堂中嘗過的醬汁飯，同樣以番茄為基底，但是加入花生醬一起調味，食材使用雞肉與秋葵。在布吉納法索的一家餐廳裡，我看到菜單裡同樣有這道「醬汁飯」，於是點來嘗嘗，但是裡面加了體型

在布吉納法索的飯館吃到的醬汁飯〔燉煮珠雞與刺豚鼠肉（agutí）〕

如貓、被稱作「agutí」的刺豚鼠肉。

不管是哪種「醬汁」，都像咖哩飯一樣拌進飯裡享用，十分美味，與日本人口感熟悉的米食非常搭調。不論在哪裡吃過的「醬汁飯」都有一個共同點，全都使用辣椒。雖然經過燉煮，所有的辣椒卻都保有原來的樣貌，維持黃燈籠辣椒種（*C. chinense*）矮胖的果實形狀，胖嘟嘟地混在醬汁中。通常一個盤子裡會擺著一整顆完整的辣椒，我詢問過店家，他們回答說吃的時候將辣椒小口小口挖下，拌著醬汁一邊調節辣度來吃。我第一次吃這道「醬汁飯」時，就抱著太辣可能受不了的心態，小心地一小口一小口挖下來吃。不過辣歸辣，卻沒有我所害怕的「激辛」程度，最後也將整顆辣椒吃光光。有了這次經驗，在第二次品嘗時我就不客氣地大口大口挖下辣椒享受其中的辣味。

在池野雅文的雜誌文章[7]以及《世界的飲食文化》之非洲篇[8]的內容也介紹到，在塞內加爾也有類似的辣椒醬汁飯，辣椒同樣保持整顆果實的形狀燉煮，吃的時候再一口一口地挖下，調整辛辣的程度。

油漬辣椒調味料

在象牙海岸與布吉納法索還有另一種使用黃燈籠辣椒種（*C. chinense*）的常見食品。這個食品是將生的厚實果實切絲，浸泡在椰子油裡製成的辣椒調味料。大部分飯館裡的餐桌上都會擺放這種辣椒調味料，搭配烤雞或烤魚，有時候在吃珠雞或刺豚鼠肉（aguti）時搭配食用非常好吃。由於熱帶非洲非常炎熱，用餐時會希望加一點辣味增進食慾。像這種狀況，只要有油漬辣椒，就能增添辣味，也讓食物風味更佳。

順帶介紹，在池野雅文的文章[9]中談到在塞內加爾有一種稱作「SU SU KARNI」（音譯）的調味料。這個調味料使用的辣椒果實和前面的「KARNI HEN」（音譯）不同，使用一種稱作「KARNI BU SEU」（音譯）的小辣椒生果實與洋蔥，加上少量的醋和番茄調製。「KARNI HEN」用來增加料理的風味，「KARNI BU SEU」則是用來增加辣味，塞內加爾人將這兩種辣椒果實分開運用，讓料理更具特色。

2　東非與北非

衣索比亞的代表性料理「沃特」

我們將舞台從象牙海岸、布吉納法索、塞內加爾所在的西非拉到非洲大陸另外一側，東非的衣索比亞。

西元二〇一四年，我有機會在京都大學舉辦的國際研討會中，對衣索比亞的農業試驗場以及大學的研究人員演講。研討會結束後，有幾位衣索比亞籍研究人員就強烈建議我：「要研究辣椒的話，不來衣索比亞一趟不行！」據說衣索比亞料理中有很多辣味菜餚。

京都大學重田真義教授[10]談過，在衣索比亞將辣椒種（*C. annuum*）辣椒稱作「KALIA」（音譯），小米椒種（*C. frutescens*）稱作「MITOUMITA」（音譯）。不過，有時候比較小的辣椒種辣椒也被稱作「MITOUMITA」，或許當地人不是以植物的品種區分，而是以果實大小區別名稱。此外，衣索比亞有一種獨特的綜合香料，是將「KALIA」乾燥磨粉以後添加其他的香草，稱作「Barbare」；不過若是以「MITOUMITA」的粉調製的混合香料，則會直接稱作「MITOUMITA」。

講到衣索比亞，就會讓人想到苔麩（teff）這種穀物以及使用苔麩製作的當地主食——煎餅狀「衣索比亞酸餅」（injera）。苔麩是禾本科畫眉草屬的植物，只在衣索比亞栽種使用。將苔麩極小的種子磨成粉，溶於水中放置，讓乳酸發酵以後所烤成的薄餅就是「衣索比亞酸餅」。「衣索比亞酸餅」會搭配「沃特」（wat）一起食用。在京都大學舉辦研討會時，「沃特」也是衣索比亞學者們很自豪的當地辛辣料理之一。

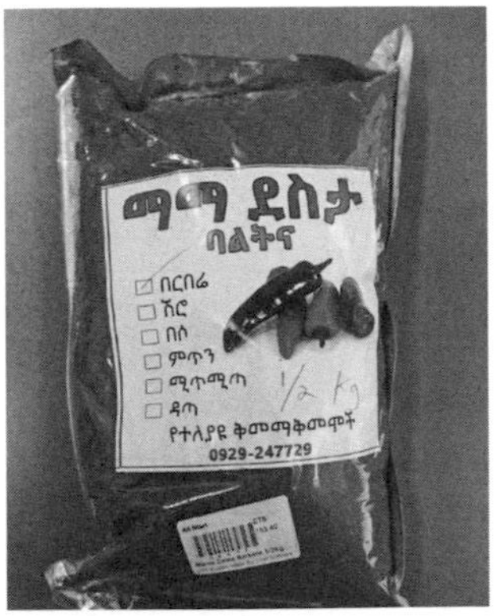

辣椒混合香料「Barbare」

「沃特」和西非的「醬汁飯」（riz source）一樣屬於燉菜料理，如果加入雞肉和水煮蛋就成為稱作「Doro wat」（音譯）；如果使用羊肉則稱作「Ya Bug Wat」（音譯）；如果是牛肉則稱作「Siga Wat」；若加入豆子稱作「Shiro Wat」。不過沃特和醬汁飯不同，不是加入整顆完整的辣椒果實燉煮，而是像前述的「Barbare」一樣，使用含有大量辣椒的香料一起燉煮得又紅又辣。以發酵帶有酸味的衣索比亞酸餅包住辛辣的沃特享用正是衣索比亞的道地美食[11]。

衣索比亞風生牛肉碎肉與生牛肉片

衣索比亞的飲食文化還有另一個特色，就是吃生肉。

根據幾度前往衣索比亞田野調查的研究室同仁根本和洋教授的說法，當地會將生牛肉敲打剁碎，就像日本料理「剁碎鰺魚」的做法一樣，製作成衣索比亞風生牛肉醬「基特富」（Kitfo），是一道著名的料理。生牛肉醬會再加入稱作「柯北」（音譯）、帶有獨特味道的發酵奶油攪拌，再加上辣椒和洋蔥增加辣味與風味，同樣和衣索比亞酸餅搭配享用。

除此以外，還有一道名為「特樂絲卡」（音譯）的生牛肉料理。換句話說，是一道牛肉的「生魚片」，點餐時一份生牛肉以五〇〇公克為單位，是很豪放的料理。享用時，搭配前述加了辣椒的混合香料「MITOUMITA」一起吃外，還有另一種搭配方式，是將綜合香料「Barbare」溶於檸檬汁中，調成稱作「awaze」的沾醬食用。

北非的調味料哈里薩辣醬（Harissa）

還有一種非洲大陸的辣椒食品要跟讀者們分享。這種食品是北非地中海沿岸、突尼西亞等馬格里布（al-Magrib）諸國的調味料，和前述撒哈拉以南非洲國家的辣椒食品給人感覺可能不太一樣。

這種調味料稱作「哈里薩辣醬」，是將生的紅辣椒（當地人稱為「非爾非爾」）蒸熟後，加上橄欖油和鹽調製成糊[12]。接著加上大蒜、番茄以及香菜、孜然、葛縷子（Caraway）等香料，每個家庭、店家或者製造廠有各自的食譜，味道也多少有所不同。

在馬格里布地區，哈里薩辣醬被用來當作古斯米（Couscous）〔磨碎的硬粒小麥（Triticum durum）製成的顆粒主食食品〕、配菜的塔吉鍋（Tajine），或者是串烤（Kebab）等食物調味料使用。

辣椒調味料哈里薩辣醬（Harissa）

在我家，會在加有豐富蔬菜的義大利雜菜湯（minestrone）中添加哈里薩辣醬，只需添加少許，雜菜湯的味道就彷如義大利跨越地中海一般變得不一樣。另外在家裡烤肉時也會拿來調味，這時候牛肉會比豬肉更適合搭配哈里薩辣醬，大概是因為馬格里布地區都是些回教國家，自然而然地就覺得牛肉比較恰當。

總而言之，雖說哈里薩辣醬是具有民族特色的調味料，但是適用範圍很廣，跟很多料理都很搭調。

在日本，一些販賣進口食材的高級超市裡也都買得到哈里薩辣醬，我最初找到的是罐頭包裝。後來又找到使用較為方便的瓶裝形態，到了最近又發現有管型的包裝，使用愈來愈方便。有了辣椒作為橋梁，北非彷彿就近在身邊一般。

非洲中的美洲，美洲中的非洲

我只去過非洲西邊的國家，在當地接觸到的飲食文化，感覺上就和辣椒一樣，起源於美洲大陸的作物似乎多過非洲的作物。

例如醬汁飯（riz source）是以番茄調味，大多還會加入花生醬。不論是番茄或花生都是源自於美洲大陸的作物。

這種現象不只發生在菜餚上，也影響到主食。

我在西非常吃的主食是「Fufu」，它是將起源於美洲大陸的作物樹薯搗碎，做成像馬鈴薯泥般的食物。另一種主食「樹薯飯」（acheke）乃是將樹薯磨碎發酵而成。

除了樹薯是來自美洲大陸的作物外，玉米也是西非的主食。在西非大多被稱作「Tou」、在東非被稱作「Ugali」的食物就是煮成糊狀的玉米粉。

「Tou」或「Ugali」原本使用的是非洲原產的禾本科雜糧珍珠粟（Pennisetum glaucum）、穇子（Finger millet），或者高粱（sorghum），但是後來被能大量栽種的玉米取代了。除此以外，樹薯也取代了過去西非幾內亞灣的主食山藥，原因應該與玉米類似，都是因為能大量栽種的關係吧。即使是落花生，在歷史上也取代了非洲早期與落花生同樣長在土裡的豆類班巴拉豆（Vigna subterranea）。

這些發源自中南美洲的作物在何時，又是如何傳進非洲普及開來的歷史不明，但是今日都在非洲落地生根，成為不可或缺的農作物。

但是，為什麼在非洲有這麼多起源於美洲的農作物呢？

非洲曾經有一段奴隸貿易的黑暗歷史，或許那時候人們在非洲與美洲之間往來所帶來的結果吧。

事實上，被帶到南、北美洲大陸成為奴隸的非洲人以各種形式深深影響到他們的居住地——美洲大陸的飲食文化。例如美國路易斯安那州紐奧良一帶的混血料理或南美洲巴西的料理都是例子，可以想見，從美洲大陸前往非洲的人們也將新的飲食文化帶到當地。

人的移動、作物的移動誕生了新的飲食文化。非洲大陸最大的辣椒之謎——為什麼在亞洲極為罕見的黃燈籠辣椒種（*C. chinense*）是主流的辣椒呢？其解答可能意外地富含道理。

第九章　該品嘗單一口味？還是混合口味？——南亞

1　尼泊爾

生物多樣性豐富的國家

我從就讀信州大學農學院園藝農學系四年級的時候開始研究辣椒，也就是日本的年號剛從昭和進入平成（約西元一九八九年）後不久。

由於當時我所隸屬的作物育種研究室（現名為植物遺傳育種學研究室）位於日本的長野縣，主要研究蕎麥的育種，從西元一九八〇年代開始，就從尼泊爾等地蒐集數量豐富的蕎麥基因資源。在蒐集蕎麥基因的同時，也一同蒐集許多辣椒的種子保存。不過由於當時以蕎麥研究為優先，所以並未對蒐集來的辣椒種子進行栽培實驗，也未評估辣椒的各項性狀。當時我就決定展開被研究室冷落的研究題目，在完成研究所碩士課程前有三年時間，我的生活被辣椒所包圍。

我們研究室之所以選擇尼泊爾作為蒐集基因資源的地方，是因為尼泊爾是個位於低緯度、高海拔的地區。

尼泊爾首都加德滿都的緯度靠近北緯二十七度附近，大概與日本奄美群島裡的德之島緯度相同。一般來說，位於這個緯度的土地，氣候應該屬於亞熱帶氣候，事實上在尼泊爾海拔七十公尺高的提萊（Terai）地區確實屬於亞熱帶氣候。但是尼泊爾環繞著包括世界最高峰聖母峰在內的喜馬拉雅山脈地區，愈北方海拔愈高。因此，短距離的水平移動也會造成相當程度的垂直高度變化，從亞熱帶南部的提萊地區往北移動，氣候也急速往溫帶，以及高山冷涼的氣候變化。

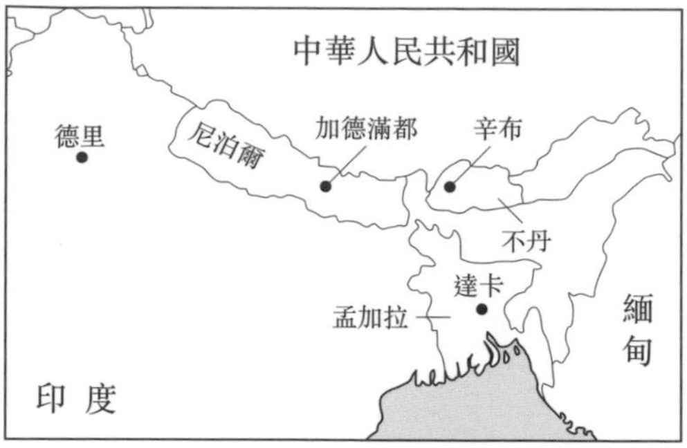

當一塊土地存在著氣候隨陡急的標高差變化改變的情形時，即便在相對狹窄的地區內也能見到豐富的生物多樣性，植被也呈現「垂直分布」的情形。農業形態也一樣，會隨著標高的不同，顯現更為豐富的物種多樣性。

基於這個原因，像尼泊爾這種擁有低緯度高海拔的地區，就成為我們植物與農作物研究人員深感興趣的地區。

「小而堅強的人」——吉雷．庫沙尼辣椒

在擁有豐富農作物多樣性的尼泊爾也栽種了各式各樣的辣椒品種使用，但是大部分都屬於辣椒種（*C. annuum*）。這大概是因為小米椒種（*C. frutescens*）屬於晚生種，不適合在高海拔的冷涼地區栽種。反而是從早生到晚生、擁有各種品種的辣椒種能夠適應氣候、地形充滿多樣性的尼泊爾。

不過尼泊爾依然栽種著少數的小米椒種，那就是吉雷．庫沙尼（jire khursani）品種的辣椒（彩頁iii頁），果實長得又小又辛辣。「jire」的意思是「小而堅強的人」，「khursani」則是辣椒，直譯下來就是「小顆而（辣味）強烈的辣椒」。

加德滿都市場上販售的辣椒種辣椒

順便介紹，在尼泊爾把青椒或紅甜椒這類果實大型、味道不辣的辣椒品種稱作「本戴．庫沙尼」（音譯），「本戴」是大而無力的人，如果說「吉雷」是指「山椒顆粒小，刺激而辛辣」的話，那麼「本戴」就意味著「獨立茁長的大樹」吧。

除此之外，屬於小米椒種的辣椒品種還有「色

特・吉雷・庫沙尼」，「色特」在尼泊爾語中是「白色」的意思，這種辣椒的未熟果實是白色，而且果實小巧、辣味強烈。

「辣椒之王」——阿克巴・庫沙尼

在觀察尼泊爾的辣椒多樣性時，我發現了一個有趣的品種。就是名為「阿克巴・庫沙尼」（Akbar khursani）的辣椒，事實上，這種辣椒在品種、分類學上應屬於哪一種仍是未定。從花朵和果實的形態鑑定，看起來應該屬於黃燈籠辣椒種（*C. chinense*），但是仔細觀察又難以確定。同時，我們嘗試在研究室裡將這個系統與辣椒種（*C. annuum*）、小米椒種（*C. frutescens*）以及黃燈籠辣椒種進行人工交配，但不論與哪個品種都無法輕易地獲得下一代的種子，難以雜交[1]。此外，在將之與世界上各種辣椒的DNA比較進行分組時，得到的結論是[2]，「阿克巴・庫沙尼」辣椒在基因上介於小米椒種、黃燈籠辣椒種及辣椒種群的中間。但是在新墨西哥州立大學的波茲蘭（Bozland）教授進行相同的研究當中[3]，指出「阿克巴・庫沙尼」屬於辣椒種群的一種。

尼泊爾的辣椒品種不明的情形不僅出現在「阿克巴・庫沙尼」辣椒上，事實上，在被列為小米椒種介紹的吉雷・庫沙尼（jire khursani）辣椒中，也有個體同時兼具辣椒種與小米椒種的特徵，彷彿像是另一個獨立的品種。

有「阿克巴・庫沙尼」這種在植物分類學上難以鑑定的辣椒，也有像「吉雷・庫沙尼」這種在一般自然環境下難以雜交的種間雜種，這些情形更凸顯出喜馬拉亞豐富的農作物多樣性。

阿克巴・庫沙尼（達雷・庫沙尼）

雖然很難對「阿克巴・庫沙尼」進行品種鑑定，但是「阿克巴」（Akbar）這個名字來自曾經統治印度的蒙兀兒帝國第三代君王阿克巴大帝（Akbar，在位年間西元一五五六年～一六〇五年），所以所謂的「阿克巴・庫沙尼」是指「辣椒之王」的意思。這種辣椒原本是尼泊爾的在來品種「達雷・庫沙尼」（Dalle khursani）。「Dalle」在尼泊爾語中為「圓形」的意思，這群辣椒的果實形狀與大小都和櫻桃相像，因此得名。現在不僅在尼泊爾東部，也傳到各地區，在不丹王國的南部也可見到「達雷・庫沙尼」的栽培。但是就我在不丹南部的所見所聞，當地人不將之稱作「阿克巴・庫沙尼」，而稱作「達雷・庫沙尼」，以不丹口音念起來就像是「鐸雷・庫沙尼」。

辣椒之王以劇辣殺死人

「阿克巴・庫沙尼」或稱作「達雷・庫沙尼」（Dalle khursani）有另外一個顯著的特徵，那就是極度辛辣。

我過去曾經分析過這群辣椒果實的辣味成分含量，得到的結果是，一公克曬乾的果實中竟含有高達一萬毫克的類辣椒素（capsaicinoids）。三鷹辣椒的含量約為二〇〇〇毫克，因此「阿克巴・庫沙尼」的辣度是三鷹辣椒的四～五倍，極為辛辣。

所以這種辣椒除了「達雷・庫沙尼」與「阿克巴・庫沙尼」的名稱外，還有另外的綽號，例如「Jyanmara Khursani」。這個綽號有著驚人的意思，意為「殺死身體的辣椒」（＝殺人辣椒），表示它的辣度足以殺人。還有一個綽號是「Lange Khursani」，直譯為「公水牛的辣椒」。這個名稱很有意思，意思是在烹煮一整頭公水牛時，只需使用一顆辣椒的果實就足夠了。有些讀者看到這可能會覺得很誇張，但是這些綽號都有趣地如實呈現出這種辣椒強烈的辛辣程度。

辣椒之王有益健康

我在探訪不丹南部謝姆岡縣（Zhemgang）的某戶農家時，當地有人栽種屬於「阿克巴．庫沙尼」（Akbar khursani）群的辣椒品種。根據村子裡一位老伯說，這種辣椒的果實一顆的辣度就足以滿足一家七口的口味。看來在尼泊爾或不丹，這種辣椒都是以辣出名。

不過這種辣椒品種之所以聲名遠播可不僅止於它的辛辣而已。我在尼泊爾和不丹四處都聽聞辣椒之王的風味極佳，非常好吃。而且尼泊爾還傳說「一般辣椒若吃太多會胃痛，但是這種辣椒雖然極度辛辣，吃多了卻不會對胃造成不好的影響」、「能預防胃潰瘍與糖尿病」、「對胃癌有效」等等，當地人對這類謠傳深信不疑（但，其科學根據不明……）。說起來，我也曾在不丹各地聽過同樣說法，或許實際上真的有某些有益健康的效果。

由於又辣又好吃，同時也有益健康，所以「阿克巴．庫沙尼」、也就是東尼泊爾的「達雷．庫沙尼」現在已經成為一個品牌。在現實中，這種辣椒在尼泊爾市場裡的售價也比其他的辣椒還貴。

尼泊爾的定食，達八

儘管尼泊爾出產各種辣椒，但並非每天的飲食中都是劇辣不斷。尼泊爾一般的食物稱作「達巴配菜」(Dal Bhat Tarkaarii)，或單稱「達巴」(Dal Bhat，彩頁vi頁)，也就是像定食一樣的套餐，基本上有豆子湯(Dal)、米飯(Bhat)、咖哩蔬菜或炒青菜(Tarkaarii)，以及醬菜(Achar)。這些料理會裝在像過去日本小學營養午餐用的金屬盤或杯子中端上餐桌。

以生的綠辣椒代替沙拉

「達巴配菜」基本上是以「咖哩」作為基本口味，儘管辣，但通常辛辣程度都很溫和。鎮上的飯館在供應這套定食時，還會提供綠色辣椒、洋蔥與小黃瓜等等代替沙拉。若感覺餐點不夠辣，只需咬一口綠辣椒配著吃即可。

不過也不是所有尼泊爾料理的辣度都很溫和，常常也會遇到讓人整個清醒過來的辛辣料理。

例如以加德滿都盆地為中心分布的民族內瓦爾人（Newar people），他們的料理中有一道水牛肉乾「Sukuti」就呈現極端的辣。這道菜是將肉乾加入切碎的綠辣椒與生的蒜頭末拌一拌，綠辣椒之辣，入口以後嗆辣直衝腦門，而且肉乾也非常硬。在真正嚥下以前，必須一邊流淚一邊不斷咀嚼。

薩嘉利人的綜合辛香料

同樣居住在尼泊爾的民族除了內瓦爾人（Newar people）外，還有薩嘉利（Thakali）人。與信州大學農學院簽有合作協議的木斯塘縣（Mustang）瑪法村（Marpha，海拔二六〇〇公尺）也是一個薩嘉利人的村落，學校每年前往研修的學生都受到當地人的照顧。

在尼泊爾國內，薩嘉利人以擅長做菜聞名。該民族的獨特料理有犛牛（一種牛）的風乾牛肉「Yag Sukuti」（彩頁vi頁）或尼泊爾式拌麵（Dhido），享用這些料理最不可或缺的就是「Taymūr」（彩頁vi頁）的綜合香料。這種綜合香料呈紅色的粉末狀，看起來就像辣椒粉一樣，不過「Taymūr」在尼泊爾語中是山椒的意思，山椒加辣椒與鹽混合，然後再加一點生薑、蒜頭，就成了綜合香料「Taymūr」。雖然說是山椒，不過尼泊爾的山椒與日本的和山椒不一樣，屬於中國的花椒類，帶有一股清爽的香氣。

根據瑪法村的前任村長巴可堤的說法，「Taymūr」所使用的辣椒分為辣味強勁的類型，或者是薩嘉利村落裡的在來種、香氣強烈但辣味溫和的品種。山椒的香氣能為辣椒的辛辣加上麻辣的感覺，創造出帶有刺激性的口味與香氣。

在當地有一種原本屬於西藏的料理，像麵疙瘩一樣的湯食「Thentuk」，我曾經在薩嘉利人的村子裡享用過。「Thentuk」裡頭有前面介紹過的風乾牛肉「Yag Sukuti」，味道十分濃郁，再撒一點「Taymūr」的話，讓身體由內溫暖起來，非常好吃。這種綜合香料真的是一種非常符合高海拔喜馬拉雅山麓村落的香料。

2　不丹

被當作蔬菜食用的劇辣辣椒

從尼泊爾往東前進，在過了印度的錫金邦（Sikkim）之後的地方就是不丹王國。這個山地王國與尼泊爾同樣位於喜馬拉雅山脈的南側，但是大多數的地區氣候比尼泊爾溼潤。不丹王國不是以一國的經濟聞名，而是因為在「GNH」（Gross National Happiness）的幸福度獲得高評價而萬眾矚目，在日本三一一東日本大地震發生不久後，不丹國王與王妃殿下就造訪日本，也蔚為話題，近來在日本廣為人知。

不丹料理的特色是將辣椒當作蔬菜或加入菜餚使用。

西元二〇〇七年七月，我在不丹的首都辛布（Thimphu）進行市場調查，那時候綠辣椒的盛產季節才剛開始，我看到很多客人都帶著米袋大的大型袋子，把買來的綠辣椒裝滿袋子。因為大家購買的量都相當多，因此我忍不住詢問一起進行調查的不丹研究員，那些人是不是中盤商，答案很驚人，這些人都是買來當家裡的食材之用。如果每頓飯都把辣椒當做菜餚使用的話，或許真的需要購買這麼龐大的量，市場的光景真是驚人。

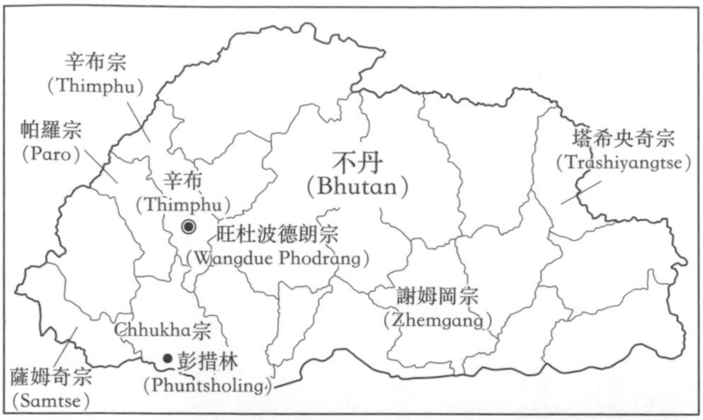

在不丹，我曾經為了調查拜訪了某個山村，在村裡的農家享用當地的午餐。午餐的內容是風乾的肉與辣椒炒過的「豬肉紅辣椒」（Phaksha paa，後述）以及裝得滿滿的米飯，再加上幾支新鮮的綠辣椒。這個新鮮辣椒的感覺就像一種生菜沙拉，盤子旁裝了一些鹽，農家有個像是日本小學二、三年級的男孩子啃著青辣椒，表情顯得津津有味。我們在抵達山村以前連續在陡峭山路走了好幾個小時，口渴得不得了，見小男孩吃得如此美味的模樣，我也把青辣椒拿起來一口咬下，結果那個青辣椒比我想像得還辣，讓我忍不住在那名男孩面前留下眼淚。不過，這種綠辣椒對當地人來說就和一般

綠色辣椒被用來作為蔬菜食用
（攝於山城旺杜波德朗的農家）

的蔬菜沒兩樣。

起士煮綠辣椒——Ema Datshi

不丹王國的主食是米飯，尤其是紅米。搭配米飯的菜餚一般是「起士煮綠辣椒」（Ema Datshi）、「風乾肉干」（Paa）以及「拌蔬菜」（Eze）三道辣椒料理。

「起士煮綠辣椒」（Ema Datshi，彩頁vi頁）的「Ema」在不丹的官方語言宗喀語中意為「辣椒」，「Datshi」是以牛奶或是犛牛奶製作的「起士」，合起來就是起士煮辣椒。這道菜是不丹最普遍、最受喜愛的料理。若再加上馬鈴薯（Kewah）就成了「Kewah Datshi」；加入菇類（Shamu）的話就變成「Shamu Datshi」；加入蘆筍（Nikacyu）就變成「Nikacyu Datshi」，其他還有加入像日本的水骨菜（Osmunda japonica）、莢果蕨（Matteuccia struthiopteris）這類蕨類的嫩葉等，是一道將喜歡的蔬菜加入一起烹調的料理，不過不論食材為何，這些菜餚都會加入大量的辣椒，全是辣口的料理。

起士煮辣椒，很難想像這道菜的味道吧。講得誇張一點，那個味道就像劇辣的奶油焗菜一樣，意外的是，味道竟和白飯十分搭調。

「起士煮綠辣椒」的類型很多，從湯湯水水的湯汁型，到水分不多、溶解的起士如奶油般纏繞在辣椒上的類型都有。先前聽不丹人的朋友說，傳統的「起士煮綠辣椒」屬於湯湯水水的類型，黏稠較沒水分的是近來才流行起來的類型。

一般選用的辣椒是即將成熟、較大的綠色果實。果實先縱向切半或切成四分之一大小，然後和起士一起煮。若沒有當季的綠色辣椒果實可用，也可使用風乾的紅色辣椒。

另外有些「起士煮綠辣椒」使用乾燥的白色辣椒烹調。白色辣椒是將綠色的生辣椒果實先汆燙過再風乾。我曾經在市場裡嘗過一口店家銷售的白辣椒，味道和紅色的風乾辣椒有些不同，辣味較溫和，還帶點酸味。從使用這種多花些工夫製作的白辣椒做法，可以窺見不丹熟練地運用辣椒的飲食文化。

在沒有生產生辣椒的季節裡，有時也會使用印度產、個頭較小的綠色辣椒果實烹調「起士煮綠辣椒」，但套用不丹友人的說法，印度產的綠色辣椒果實太辣了不好吃。起士煮綠辣椒或起士煮蔬菜是不丹最受歡迎的菜餚，據說過去不丹人經常三餐都是米飯配起士煮綠辣椒。但也不是說選用的辣椒愈辣愈好，不丹人對於辣椒的味道有其講究之處。

我認為「起士煮綠辣椒」是一個能充分展現不丹飲食文化的料理。

不丹的文化結合了西藏文化以及廣泛分布於東南亞到東亞的照葉樹林文化，而「起士煮綠辣椒」是西藏游牧民族的起士與照葉樹林文化的紅米在喜馬拉雅山脈相逢後所誕生的料理。而且，從遙遠彼方的美洲大陸流傳而來，在此地被當作蔬菜兼辛香料的辣椒猶如兩種文化相識結合的媒人。面對辣椒改寫了本地飲食文化的力量，我們不得不驚訝折服。

辣椒煮豬肉——Phaksha paa

另外一道足以與「起士煮綠辣椒」（Ema Datshi）匹敵的不丹辣椒料理是辣椒煮料理「Paa」，使用豬肉時稱作「Phaksha（豬肉）paa」；使用的若是風乾豬肉則稱「Sikam Paa」；使用風乾牛肉稱為「Shakam Paa」（彩頁 vi 頁）；使用氂牛肉時稱作「Yagsha Paa」。

聽說過去不丹人的民宅屋頂下都會垂掛豬肉條，要烹煮「Sikam Paa」時就削取豬肉風乾的部位使用。即使今日來到了不丹，也時常能見到民宅屋外懸掛著切成長條狀的風乾牛肉。

此外，不丹人認為帶有油花的豬肉比較好，所以在招待客人時通常會選用瘦肉較少的部分，甚至有時整塊幾乎都是肥肉。

偶爾也會使用生的綠色辣椒來烹調「Paa」，但大部分使用的是紅色的風乾辣椒。然後加入切塊的白蘿蔔、風乾的大頭菜葉等，為辣椒煮肉增添美味。我非常喜歡辣椒煮肉當中，徹底吸收風乾肉與風乾辣椒美味的蘿蔔。適當的辣味更是促進食慾。風乾的大頭菜葉味道多了一分生菜葉沒有的獨特鄉村風味與香氣，它的味道也很不賴。當然，一起煮的風乾辣椒不單只是辛香料而已，也被當作蔬菜，因此配飯時也能連辣椒吃得一乾二淨。至於辛辣的程度，雖然的確滿辣的，不過也帶有溫和的感覺，對第一次嘗試不丹料理的人來說會比「起士煮綠辣椒」更易入口，是一道值得推薦的料理。

下飯菜餚——Eze

在三道不丹人氣辣椒料理當中，最後一道是「Eze」（正確發音是「意耶惹」）。

「Eze」（彩頁vi頁）是將綠辣椒切片，然後和類似韭菜的蔥屬植物葉子、香菜葉片、不丹的山椒、辣椒粉以及前述的起士「Datshi」一起拌成的料理。它比較接近日本料理中所謂的「淺醃」而非沙拉，在辣椒與山椒的雙重刺激下，是非常下飯的好配菜。

不丹的山椒和尼泊爾的一樣，與中國作為山椒使用的「花椒」味道相同，可能屬於近親的種類，香氣與日本的山椒大不相同，但是入口同樣會讓口舌產生麻麻的感覺。

我認為，正是因為這種山椒的存在，讓尼泊爾與不丹的料理大量運用辣椒。在辣椒傳入以前，喜馬拉雅山區一帶應該也經常使用山椒。這一帶的人們應該早已習慣刺激的口味，其飲食文化的基礎讓它們更容易接納辣椒。當辣椒傳來之後，當地人也很快地就接受辣椒，將辣椒納為自己飲食習慣的一部分——我在實際嘗過「Eze」這道菜後自然而然地就做出這樣的聯想。

人氣品種，Sha-Ema

不丹料理常用的辣椒品種有哪些[4]？

在不丹，集中居住在南部的尼泊爾裔洛昌人（Lhotshampa）會栽種「辣椒之王，Dalle khursani」（＝Jyanmara Khursani，Lange Khursani），以及「小而堅強的人，吉雷．庫沙尼」（Jire khursani）來使用，應該是從尼泊爾傳入不丹以後，從此延續下來的品種，可以說是比較例外的狀況。除了上述以外的品種外，不丹實際上栽種的品種都屬辣椒

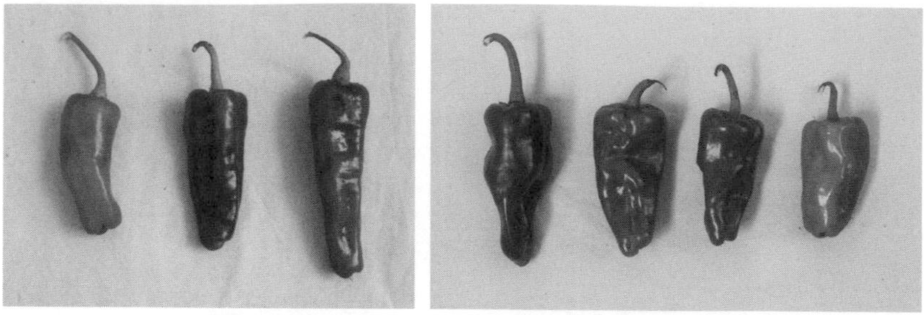

Sha-Ema（左）與Yangtse-Ema（Ulka Bangara，音譯）

種（*C. annuum*），另外也有幾種不丹的在來種。

其中，最受歡迎的品種是「Sha-Ema」。「Sha」是不丹西部旺杜波德朗宗（Wangdue Phodrang）加治（Kazhi）格窩的地域名稱（宗相當於縣，格窩則為地區）。辣椒果實長約六～十公分，圓錐形，前端有圓弧。辣味相對溫和，其美味是擁有一定口碑的辣椒品種。

原產自辛布宗（Thimphu）貝嘉南卡旺恩地區的「貝嘉普辣椒」或帕羅宗（Paro dzongkhag）達瓦卡都嘉地區的「都嘉普辣椒」是一般常見的品種。這兩種品種的果實形狀皆細長，但是「貝嘉普辣椒」長度大多在十公分以下，「都嘉普辣椒」長度在十公分以上，據說後者比較辛辣。

另外，在東不丹的塔希央奇宗（Trashiyangtse）有一種名為「Ulka Bangara」的辣椒。這個品種有時也會以產地名稱「Yangtse－Ema」稱呼，形狀像是胖一點的日本獅子唐辛子，和有「西班牙獅子唐辛子」之稱的小青椒（Pimiento de Padrón）有些相似。「Yangtse－Ema」最大的特徵就是與其他品種不同，辣味極為微弱。

聽說東不丹人烹調「起士煮綠辣椒」（Ema Datshi）時使用的是「Yangtse－Ema」，但是對於偏好辛辣口味的不丹人來說，「Yangtse－Ema」的辣味會不會太淡了些？不過據說使用「Yangtse－Ema」烹調的「起士煮綠辣椒」還是有其魅力。在塔希央奇宗當地的市場裡，「Yangtse－Ema」的售價只比一般辣椒略高一些，但是若送到不丹的首都辛布（Thimphu）去賣時，價格高漲到產地的三倍，看來「Yangtse－Ema」已經建立起地方口碑的品牌力了。

不丹還有各種分布各地區栽種的在來品種。但是不丹的辣椒栽培似乎存在一個問題。這是我在拜訪各地農家進行調查時發現的問題。不丹的農民會在同一區農地中栽種多品種的辣椒，並且採集種子。這種狀況會造成農地內的品種間自然雜交。因此，常看到不丹市場上銷售的辣椒有品質不穩定的情形。有些比較積極的農民也開始引進改良品種進行栽種，但是通常還是在同一片農地中進行栽種。

若未改善這種問題，正統的「Sha-Ema」或純種的「Ulka Bangara」品種的滅絕之日恐怕就在不遠的未來了。

3　印度

在西孟加拉邦（West Bengal）嘗到的咖哩

尼泊爾與不丹南方緊臨大國印度，我在不丹王國進行調查時也曾有造訪印度的機會。當時我要前往不丹西南方的薩姆奇宗（Samtse）進行訪問，但是當地沒有能讓汽車行駛、通往薩姆奇宗的道路，因此必須先從隔鄰楚卡宗（Chukha）的城市彭措林（Phuntsholing）跨越國界，行駛到印度西邊的西孟加拉邦（West Bengal），然後再入境到不丹。

因此我們就進入了印度的領地。穿越西孟加拉邦的過程中，在賈爾派古里（Jalpaiguri）地區一家位於馬達里哈德（Madarihat）、像是小屋一般的食堂中，我獲得良機得以品嘗肖想已久的印度咖哩。

這家店提供炸魚、雞肉、羊肉三種咖哩套餐，盤子裡搭配切絲、油炸得酥脆的馬鈴薯以及堆得如小山高的米飯，另外還有用杯子盛裝的小黃瓜咖哩以及「豆仁濃湯」（Dal Soup）。我猶豫了好久，最後點了雞肉咖哩。

大家都知道在印度，咖哩飯是以手進食，如果咖哩太辣，手指頭難免會有刺痛的感覺。所以當咖哩端出來時，我先膽戰心驚地以指頭將米飯與馬鈴薯和咖哩充分拌和，然後捏一口放入口中。不過手指不覺得刺痛，口味也不太辣。

在重新入境不丹之前，我們又有機會在國界所在的小鎮賈伊加奧恩（Jaigaon）再度享用道地的印度咖哩。不過這時我們的不丹人嚮導吃素，因此就配合他點餐。

端上桌來的食物中有薄荷與香菜打成泥狀的印度沾醬（chutney）、馬鈴薯炒咖哩、含有四季豆、番茄以及馬鈴薯等的蔬菜咖哩，馬鈴薯咖哩、鷹嘴豆咖哩、凝乳（優格）、添加凝乳的酸味豆仁濃湯（Dal Soup），豆仁濃湯和多達八種的料理全部擺在一個盤子上，搭配吃到飽的印度麥餅（Chapati）以及米飯。我迫不急待地嘗嘗味道，發現味道比日本印度餐廳的「咖哩」相比帶有酸味，辛辣程度與我第一次嘗到的雞肉咖哩相當，比我想像得還溫和。

印度咖哩「北甘南辣」的說法

儘管有了兩次在印度當地享用印度咖哩的經驗，兩次的辛辣程度都屬中等溫和，但也不能因此斷言西孟加拉邦（West Bengal）的咖哩都屬溫和派。

第一點，我們品嘗速食咖哩的第二家食堂其店名叫做「拉賈斯坦」（Rajasthan）。也就是說，這家店提供的或許不是西孟加拉邦當地的料理，而是印度西北方拉賈斯坦邦的食物。其中一個線索是，添加薄荷的印度沾醬（chutney）的確是拉賈斯坦邦北部旁遮普邦

①

②

在西孟加拉邦嘗到的咖哩
① 賈爾派古里地區的雞肉咖哩與小黃瓜咖哩
② 小鎮賈伊加奧恩的拉賈斯坦邦風味咖哩套餐（上），以及可任意取用的辣椒與醃菜

（Punjab）眾所周知的料理[5]。

其二，印度是個多元民族混雜的國家，光看飲食文化很難簡單看出分布。常說南印度料理比北印度料理口味辛辣，但是印度的南與北之間並沒有一條清楚的界線。旅遊作家藏前仁一也認為，綜合他本身的經驗以及一些印度通所提供的資訊，不能一概而論南印度的咖哩就比較辣，這個大多數人認為的「北甘南辣」的說法顯然有誤。

沒有咖哩粉也沒有咖哩的印度

我在談到印度的飲食文化時一直使用「咖哩」這個字，不過在印度並沒有所謂的「咖哩」料理，也沒有「咖哩粉」這類綜合香料。

我曾經請教過名著《咖哩飯和日本人》[6]的作者、飲食文化研究專家的森枝卓士教授有關咖哩的事情。他告訴我，所謂的「咖哩粉」是英國的食品公司「Crosse & Blackwell」（C&B）所推出的印度風綜合香料商品，在十九世紀中葉就已經廣為人知。但是在印度根本就沒有咖哩粉這類商品。

在印度也沒有所謂「咖哩」的料理。在有些針對外國客人的餐廳裡，菜單上或許會出現雞肉咖哩或羊肉咖哩，但是不管加了多少香料，或吃起來與日本人印象中的「咖哩味」相符，但是在印度根本沒有「咖哩」類的食物，每一種香料料理各有各的名稱，都給人各自不同的印象。

印度瑪沙拉什香粉

儘管印度沒有「咖哩粉」，但是卻有一種稱作「瑪沙拉」（Masala）的香料。這種綜合香料是配合各種料理所需而調製出的香料，例如在日本也很有名的「Garam Masala」，它的主要成分是肉桂、丁香、無花果、肉豆蔻，另外還調配了小豆蔻（Cardamom）、胡椒、孜然、肉桂葉。在料理完成時添加即可創造香氣提香的香料，正是瑪沙拉什香粉。

過去每個印度家庭都會調配自己的瑪沙拉什香粉，在料理前，以石臼搗碎各種原形香料（whole，種子、果實等以原狀風乾）調製。每一家的配方比例不太一樣，因此每個家庭有自己獨特的味道。但據說最近在都會地區，愈來愈多家庭購買現成的瑪沙拉什香粉使用。我雖然未曾到過印度的超市，但是在尼泊爾的超市裡，銷售著肉料理用、豆類料理用、魚料理用，針對不同料理調配現成的瑪沙拉什香粉。而且最近連「咖哩粉」都出現在瑪沙拉什香粉的賣場貨架，看來印度以及其鄰國的家庭料理狀況也開始出現變化。

在印度，這類綜合香料「瑪沙拉什香粉」當中，辣椒又扮演著什麼樣的角色？單純「香料」這個稱呼裡，其實還分成為食物創造香味的香料、賦予食物辣味的香料以及增添色澤的香料。儘管辣椒在創造香氣上也占有重要地位，但更大的功能應該是賦予辣味。

賦予辣味的材料除了辣椒外，黑胡椒、薑都具有類似的效果，但講到辛辣程度，當然是辣椒一枝獨秀。從數據來看，辣椒的辣味成分辣椒素（capsaicin）的值是一六〇〇萬史高維爾指標（SHU），薑的辣味成分薑醇（Gingerol）與生薑醇（Shogaol）的辛辣程度分別是八萬與一五萬SHU，胡椒的辣味成分胡椒鹼（Piperine）是一〇萬SHU[7]，程度天差地別。所以儘管印度料理添加了由多種香料調配的瑪沙拉什香粉，不過辛辣程度基本上還是視辣椒的含量而定。

在尼泊爾販售的瑪沙拉什香粉

從南亞到東南亞

不過，印度的主流料理是使用含有辣椒的綜合香料烹調，很少有料理能直接品嘗到辣椒的辛辣。這一點在尼泊爾、孟加拉、斯里蘭卡也有同樣狀況。這一點也是南亞一帶飲食文化的特色之一，尤其印度在這一帶擁有很大的影響力。

例如在中國四川省和不丹，儘管都會使用辣椒和山椒（花椒）一起調味，但卻不將多種辛香料一起混合使用，在味覺上講求的是直接感受辣椒強烈的辛辣與風味。但是在印度以及印度文化圈中，辣椒的辛辣雖然是料理必要的要素之一，但卻不單獨呈現辛辣的味道，而是以各式各樣的香料，將香氣、刺激、風味做無限組合的變化，創造多層次又相乘的效果。

那麼，泰國和緬甸這些東南亞國家又是如何呢？

例如在泰國有名為「Kaeng」的泰國咖哩，同時也有單純使用聖羅勒（holy basil）與辣椒組合、直接品嘗辣味的「Phad Bai Gaprao」——也就是日本常聽到的「打拋葉」（kaphrao）烹調的人氣料理。也就是說，在泰國，印度那種綜合辛香料的飲食文化與單獨使用辣椒的飲食文化交錯在一起。這一點，和東南亞地理位置關係上泰國夾在中國與印度之間的情形很像。

下一章起，將帶大家一起前往東南亞，一探當地獨特的辣椒文化。

第一〇章　熱辣辣的亞洲與不辣的亞洲——東南亞

1　泰國

就算是泰國人，遇上辛辣還是會覺得辣

在我還是學生的時代，曾為了進行研究造訪了泰國北部的古都清邁，也首次嘗到「東北酸肉香腸」的滋味。

「東北酸肉香腸」（Sai Krok Isan）是泰國東北地區的知名香腸，將糯米與豬肉填入豬腸子裡發酵而成。發酵產生的獨特酸味與甘甜非常相配好吃，但是在路邊攤買這種香腸時，店家會附上大量的小巧生辣椒。這還是人生頭一遭，正當我搞不清楚這麼多生辣椒要拿來做什麼時，充當我們嚮導的清邁大學教授就一手拿起香腸，一手拿著辣椒，左邊一口右邊一口地向我們示範香腸的吃法。不過每當他咬一口生辣椒時，就不斷吸氣吐氣發出「呼！呼！」的聲音。教授喊著「胚！」（好辣），整張臉皺成一團。我還記得自己看著那位老師，很吃驚地想著：「即使是很擅長吃辣的泰國人，吃到很辣的食物還是會覺得辣

呀。」

平常就有吃辣習慣的人，和討厭吃辣、不敢吃辣的人相比，對於辛辣的感受程度是否不同？有一項針對習慣吃辣與不敢吃辣的人進行的研究，請這兩類人品嘗各種不同辣度的食物或液體。結果顯示，儘管喜歡吃辣的人對於較弱的辣度感受較為遲鈍，但是在統計學上並未呈現明顯差異。同樣的調查也曾以常吃辣的墨西哥人以及一般美國人為對象實施過，結果還是未出現明顯差異[1]。

這項結果告訴我們，喜歡吃辣椒、能耐得住強烈辛辣的人，並不是他們的感官對辣味變得比較遲鈍，而是他們對強烈的辛辣，獲得更強的耐力。即使是世間少見、喜愛辣椒的人，吃辣椒時的感受與我們相同，還是會扎扎實實地感受到辣味的刺激。

被稱做是「老鼠屎」的辣椒——Prik Kee Noo

搭配「東北酸肉香腸」（Sai krok Isan）一起吃的迷你生辣椒「Prik Kee Noo」更是深受泰國人喜愛（彩頁iii頁），這是一種屬於小米椒種（*C. frutescens*）的辣椒。「Prik」是「辣椒」，「Kee Noo」是「老鼠屎」的意思，這應該是因為這種辣椒的果實細小才被如此稱呼。「Prik Kee Noo」的辣味成分含量大約是日本三鷹品種的三～四倍，是一種相當辛辣的辣椒。

使用蝦子製作的酸味湯「泰式酸辣湯」是非常有名的泰國料理，除了使用香茅（Takhurai）、泰國萊姆（Citrus hystrix）的葉子（Bai Makruut）、大高良薑（Great Galangal）的根莖外，「Prik Kee Noo」也是泰式酸辣湯不可缺少的食材。

而且，泰國人除了會完整食用「Prik Kee Noo」辣椒，或著將它切成絲增添料理的辣味與風味外，使用範圍甚至擴及調味料。例如「nam plaa prik」是將切細丁的「Prik Kee Noo」辣椒加在「魚醬」（nam plaa）內的桌上調味料。

「老鼠屎」已經成為泰國人飲食習慣中必不可少的一部分，甚至當泰國人要出國時，都得帶著這種辣椒同行[2]。讀者或許會覺得這個說法太誇大，但絕非空穴來風。我就曾經實際在日本成田機場過海關時看到泰國女性把生的「Prik Kee Noo」裝在皮包裡。可惜基於植物防疫上的關係，不容許把辣椒帶入日本。那位女性拼命向海關的官員哀求「少了這個我會很難過」的困擾表情至今依然留在我腦海中。

另外還有一個故事也讓我們了解泰國人有多麼喜歡「Prik Kee Noo」。

在現代的學說中，認為所有的辣椒皆起源於中南美洲，在哥倫布時代之後才引進亞洲。但是對泰國人而言，「Prik Kee Noo」是他們生活中不可欠缺的一部分，遠勝過其他辣椒深受泰國人喜愛。因此，據說有一位泰國的植物學家就主張「Prik Kee Noo」所屬的小米椒種（*C. frutescens*）遠在哥倫布時代以前就一直存在於泰國[3]。

泰國人就是這麼深深喜愛「Prik Kee Noo」，甚至如前所述，喜歡到要顛覆這套學術理論。

各種其他的「辣椒」（Prik）

在泰國的市場上，除了「Prik Kee Noo」外，也銷售好幾種的生辣椒，賣辣椒的店頭經常是人聲鼎沸。市場裡還有專賣辣椒的乾貨店，陳列著各種色彩、形狀的風乾辣椒，即使在蔬菜賣場也經常會擺上幾種生辣椒販賣。拜訪泰國農家時，一定可見到庭院裡種植著自家用的辣椒，一般栽種辣椒的田地範圍也相當廣闊。泰國是辣椒農業鼎盛的國度，辣椒的品種非常豐富。

在泰國與「Prik Kee Noo」齊名的另一種代表性辣椒是「prik chee fa」。「Chee fa」

是「向著天空」的意思，此種辣椒種（*C. annuum*）的辣椒，最大特徵就是向上結果。大小約十公分，體型比「Prik Kee Noo」大上許多。

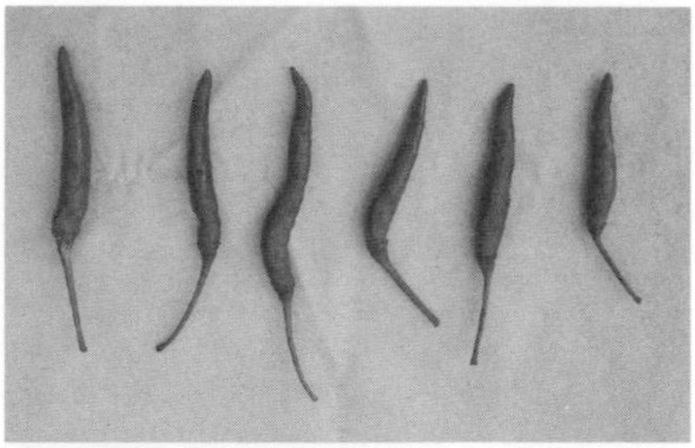
①

②

泰國的辣椒
①「Prik chee fa」
②「Prik yuak」

「prik chee fa」除了可生食外，也可風乾之後研磨當作泰式咖哩的原料使用。此外，它的色澤豔紅，可切成花朵的形狀裝飾料理。

「Prik yak」是比「Prik chee fa」還大一點的辣椒，辣味較弱，因此被當作蔬菜使用，經常拿來炒豬肉。另外還有餐桌上的調味料「Prik namsom」，則是把這種辣椒切成圓圈，放在醋裡醃漬，創造辣味與風味。

稱作「Prik yuak」（或「Prik Won」）的辣椒和「Prik yak」相同，被當作蔬菜使用。也就是說，它是屬於甜味辣椒的一種，指的是形狀像青椒、有鐘形形狀的品種。

「Prik Karen」和稱作「老鼠屎」的「Prik Kee Noo」同樣屬小米椒種（*C. frutescens*）的小型品種，是辣味相當強勁的辣椒。果實比「Prik Kee Noo」略胖一些，未成熟時果實呈白色，成熟以後轉為橘中帶紅的色澤。「Prik Karen」或許也能風乾後使用，因此在市場的乾貨店裡，可以看到許多裝滿風乾「Prik Karen」的籃子。

順帶說明，「Karen」是居住在泰國北部、西部以及緬甸東部、南部一帶的克倫族（Karen）。我在學生時代曾經前往山區的克倫族村落研究調查，還記得當地籃子裡滿滿裝的著應該就是「Prik Karen」辣椒，擺著風乾。

當然，在泰國除了前述的「Prik」以外，還有好幾種辣椒品種，也有許多當地的在來品種。泰國人在面對這麼多種類的辣椒時，按其各自的特性選擇適合的用途，巧妙操控料理的辣味與風味。

2 柬埔寨

只有三種辣椒

故事來到泰國的鄰國柬埔寨。

我們是日本農林水產省亞洲地區植物基因資源專案的成員之一，與柬埔寨的農業實驗研究機關一起進行辣椒基因資源的探索與蒐集[4]。

讀到這裡，想必讀者可能以為柬埔寨與泰國一樣，栽種了大量的辣椒。不過實際走訪市場，就會發現比起泰國，柬埔寨的辣椒種類簡直少得可憐，銷售量也很少，若到鄉下的小市場去，辣椒的數量就又更少了。而且，辣椒商品往往也不新鮮。

通常在柬埔寨的市場裡只能看到三種生辣椒販售，分別是小米椒種（*C. frutescens*）的「Mate Atisas」（音譯）與「Mate Sow」（音譯），以及辣椒種（*C. annuum*）的「Mate Dainien」（音譯）。偶爾僅能看見「Mate Atisas」或「Mate Sow」（音譯）其中一種辣椒被擺在貨架上。

「Mate Atisas」的「Atisas」是「鳥糞」的意思，因為鳥把種子帶來，因此得名。也

①

②

③

柬埔寨的辣椒
①Mate Dainien（音譯）
②Mate Sow（音譯）
③Mate Plok（音譯）
④進口辣椒Mate Malay（音譯）
⑤食堂餐桌上擺放的辣椒調味料

④

⑤

就是說，在鳥糞掉落下來的地方冒出「Atisas」的芽來所長出的辣椒。

「Mate Sow」的「Sow」是「白色」的意思，可能是因為果實還未成熟時呈白色而得名。另外，「Mate Dainien」的「Dainien」是「食指」的意思，應該是因為辣椒的大小與形狀與食指相似。不過在不同的市場上或農家裡，同樣稱作「Mate Dainien」的辣椒卻經常出現不同形狀、大小的果實，很可能「Mate Dainien」這個名稱不是品種的名字，而是所有類似辣椒的統稱。

有時候在蔬果賣場上，會出現稱作「Mate Plok」（音譯）、體型較大的辣椒。在高棉語中，「Plok」是「魚膘」的意思，這個品種名稱可能是因為辣椒果實未成熟時呈黃白色，圓錐形而突起的果實形狀與魚膘相似，因此命名。我在各地市場調查時，聽說大多數的「Mate Plok」是從越南進口，在柬埔寨國內栽培生產的並不多。

同樣從越南進口的還有另外一種稱作「Mate Malay」（音譯）、體型較大較長的辣椒。如同字面所示，這種辣椒的意思是「馬來西亞產的辣椒」，它的形狀確實與馬來西亞一帶常見的品種一樣。順帶介紹，柬埔寨把青椒、彩椒類稱作「Mate Hawaii」。到底是什麼樣的背景會出現「夏威夷的辣椒」這種名稱，緣由不明，但實在非常有趣。

「甘口」國家

接著來看看柬埔寨的主要民族高棉族（Khmer）的料理，可以發現幾乎都不辣。使用從湄公河或洞里薩湖裡捕獲的淡水魚與蔬菜做成的湯味道清爽，蔬菜炒肉或鹹魚煎蛋也都不加辣椒，即使有加也是極少量，一點也不辣。

不過並非整個柬埔寨的料理都不辣。東部酷崙族（Kulung people）等少數民族的料理和寮國以及泰國東北部的料理有點類似，調味都使用強烈的辣味，普農族（Bunong people）則會直接將辣椒的果實加入湯裡。

不過整體來說，辣椒在柬埔寨料理的調味上並未占據太大的重要性。即使使用辣椒，頂多也是利用辣味點綴一下味道而已，料理本身幾乎都不辣。在柬埔寨的食堂裡，桌上和泰國一樣會放裝著醃辣椒的瓶子。料理上桌時也會以小盤子切一些生辣椒絲作為調味料，但要不要加辣椒也是看個人，未必一定要加。

柬埔寨有一道稱作「Rock Rack」、像骰子牛肉一樣的牛肉料理，還有油炸內臟肉的料理，但是調味料是以黑胡椒粉溶在檸檬汁裡作為沾醬沾肉食用，因此辣椒也派不上用場。

置身在以劇辣聞名的泰國之鄰，柬埔寨卻是個意外嗜吃「甘口」的國家。

辣椒的「鄰國問題」

柬埔寨的鄰國是以劇辣料理聞名的泰國，但是柬埔寨的百姓卻奇妙地喜愛不辣的料理。但是，這樣的狀況並非只存在柬埔寨，在辣椒起源地的中美洲也有類似狀況，像瓜地馬拉就是其中之一。

瓜地馬拉的鄰國墨西哥有各式各樣的辣椒品種以及嗜辣的飲食文化。但是據說瓜地馬拉料理不太使用辣椒。事實上，一位瓜地馬拉的農業人員在我任職的大學停留時，曾經烹調了他們的家鄉料理請我們品嘗，那道清爽的雞肉豆子湯裡一點辣椒都沒有。

同樣屬於中南美洲國家的巴拿馬，儘管置身於辣椒的起源地中心，但是也沒有吃辣的飲食文化。我曾經聽我們學院參加青年海外協力隊、被派遣到巴拿馬的畢業生說過，巴拿馬人似乎無法接受辣味料理。那位學生說他拿出日本有點辣的餅乾請當地人吃，很多人都無法接受那個辣味。

為什麼會出現這種兩個明明緊鄰的國家，一邊的飲食習慣中存在辛辣料理，但另外一個國家卻不吃辣的情形？

我曾經請教墨西哥料理的廚師渡邊庸生，詢問他在中美洲見到的狀況。他的回答讓我覺得，可能過去殖民地的強勢統治剝奪了當地的飲食文化，人民對於辛辣料理的承受能力也隨之減弱。

亞洲的情況又如何呢？

柬埔寨在過去確實曾經屬於法屬印度支那聯邦，受到法國的殖民統治。同樣屬於法屬印度支那聯邦的寮國狀況又如何？根據在當地研究調查的夥伴說，寮國有一種口味劇辣、稱作「Tam mak hoong」的生木瓜沙拉。但其他的料理則口味溫和，可能與柬埔寨一樣，習慣在享用料理時再另外依照個人喜好添加辣椒。

不過這套因為殖民統治改變了飲食習慣的假說，我認為未必具備普遍有效性。

例如下一章將介紹的韓國就是一個例子。儘管韓國也曾受到日本統治，但是今天韓式火鍋（Jjigae）或泡菜（kimchi）依然會加入大量的辣椒。另外，曾經被大英帝國統治過的印度至今也依然繼續享用辛辣、香料濃厚的料理。此外，緬甸曾經被併入英屬印度的轄區內，英國人透過印度間接統治緬甸而非直接管轄，由於這段歷史的緣故，緬甸料理應該也受到印度料理很大的影響。

柬埔寨確實曾經被法國殖民統治，也曾經歷紅色高棉波布政權對本國文化的破壞。以飲食文化而言，紅色高棉時期造成的破壞可能更甚殖民統治。

看來，這個辣椒的「鄰國問題」必須仔細觀察各個地區的狀況深入思考才是。

第十一章　兩大辣椒文化大國——東亞

1　四川料理的風味

四川名菜

我們一路從中南美旅行，一邊了解辣椒的飲食文化，最後終於來到了辣椒傳播路線的最末端——東亞地區。中國這一帶擁有世界知名的中華料理，是重要的飲食文化之地，在這個文化圈裡，各式各樣的辣椒受到栽培、利用。例如很受歡迎的「朝天椒」、果實細長的「雲南」，以及大型、辣味較溫和，帶有果香甘甜以及氣味芳香的「益都」、氣味辛辣的「廣西」，日本的市場裡也買得到這些中國產的辣椒。反之，也有從日本渡海到中國栽種的品種。例如「天鷹」辣椒是日本的三鷹渡海到中國以後，因為在「天」津栽培，加上品種為三「鷹」而命名為「天鷹」。這些辣椒栽培的多樣性絕對是促進中華料理豐富發展的原因之一。

儘管統稱為中華料理，但是中國國土遼闊，料理的種類也十分多樣。在日本，較為人

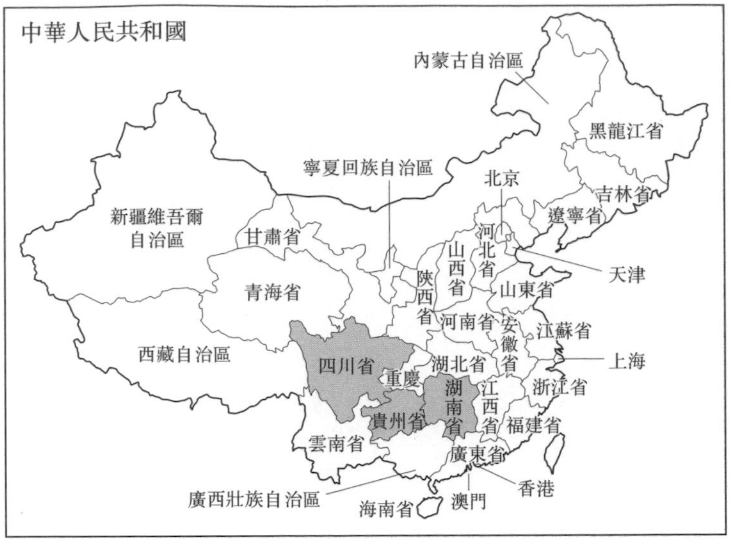

熟悉的中華料理有北京、四川、上海、廣東四大料理；但是在中國，一般將料理大致分為山東、江蘇、浙江、安徽、福建、廣東、四川、湖南八大類，各有各的飲食特色。

這當中以辣聞名的有四川料理、貴州料理以及湖南料理，是三個位於中國西南方相連的省分，也就是在四川省、貴州省、湖南省發展出的料理，但有時候貴州料理會被列為四川料理變化版的一種。

先從日本人所熟悉的四川料理開始介紹。

在日本講到四川料理，最知名的有麻婆豆腐、回鍋肉、乾燒明蝦等料理。這些料理之所以名揚日本，中國菜的老師陳建民、陳建一父子兩人功不可沒。他們將道地的四川料理調整成日本人喜愛的口味，並且經常在電視節目等場合介紹宣傳。

在華人圈，一般會將「四川」略稱為「川」，與代表料理的意思「菜」合為一字，所以四川料理就簡稱為「川菜」。

關鍵就在麻辣味

四川料理以辣出名，不過調味的方式絕非千篇一律，使用的材料、調味料面貌多樣。豆瓣醬（蠶豆與辣椒的發酵調味料，也稱豆板醬）、辣椒油（辣油）、風乾辣椒、油醃辣椒，還有辣椒的醃漬物「泡辣椒」等等，分別按照用途精巧地選擇使用，創造出巧妙不同的滋味。

不過，若只能在各種四川料理的辛辣調味中選出一種代表性的味道時，我的答案絕對是「麻辣味」。「麻」是來自於山椒麻麻的味道，「辣」是辣椒的辣味。

不過四川的山椒和日本蒲燒鰻上撒的「和山椒」不一樣，使用的是「華北山椒」這種中國的植物品種，一般稱作「花椒」。這種花椒麻麻的滋味加上辣椒的辛辣，成就了四川料理的關鍵口味。

四川省成都市的陳麻婆豆腐是最早發明麻婆豆腐的始祖麻婆豆腐店，他們家的麻婆豆腐，最上層就撒了大量剛磨好的花椒。辣椒的辣搭配花椒的香氣與麻麻的口感創造出相乘效果，美好的滋味讓人一吃就上癮。

家常菜、怪味、魚香味

我們繼續看四川料理辛辣滋味的樣貌。

國立民族學博物館的周達生榮譽教授將四川料理的辛辣調味區分成「家常味」、「怪味」以及「魚香味」三大類[1]。

家常味是以豆板醬調味。

豆板醬也是日本家庭中常用的調味料，是將蠶豆發酵後加入辣椒熟成的調味醬，最早源自四川省。

近來怪味在日本的人氣也逐漸上升。它的調味包括了生薑、蒜頭、蔥、砂糖、花椒、白醬油、鹽、芝麻、芝麻油以及豆板醬等材料，味道複雜，層層相疊，層次複雜的味道讓它得到奇「怪」「味」道的稱號。

魚香味是酸酸甜甜加上辛辣的味道。「魚香茄子」是將茄子調味成魚香味的料理，原型來自於麻婆茄子。麻婆茄子並非誕生於四川，而是日本創造的料理，儘管魚香茄子的名稱中有「魚香」兩個字，但是和麻婆茄子一樣，食材中完全沒有魚。

那麼，為什麼酸酸甜甜而且辛辣的口味被稱作「魚香」呢？

根據周達生教授的解釋，「魚香」的定義有二，一是這道菜使用以鯽魚和辣椒發酵而成的「魚辣椒」，或稱作「泡辣椒」的調味料烹調，因此命名「魚香」；另一說是，原本使用砂糖和醋烹調的魚料理，若以相同方式烹調魚之外的食材，就會命名為「魚香」。

另外，「泡辣椒」是四川料理重要的調味料。現在的「泡辣椒」不使用魚，是以整顆辣椒泡在鹽水裡醃漬，讓辣椒發酵發酸。走到四川省成都市的市場可以看到以各種辣椒醃漬而成的泡辣椒陳列架上，光是觀賞色澤鮮豔的泡辣椒也足夠賞心悅目。

五塊石綜合市場

2 四川料理中的辣椒

市場裡的各種辣椒

四川料理有形形色色的辣味，使用的辣椒種類多不勝數。西元二〇一七年我拜訪四川農業大學時，很幸運地有福岡四川料理名店「巴蜀」的大廚師荻野亮平先生帶領我參觀了位於成都市北部的五塊石綜合市場。市場裡各式各樣品種的乾燥辣椒不僅來自於四川省境內，還有貴州省、山西省、河南省、新疆維吾爾自治區的品種，果實種類五花八門。順帶介紹，在四川方言裡稱辣椒為「海椒」，這裡要介紹在五塊石綜合市場銷售的幾種海椒。

朝天椒（彩頁ii頁）是「朝向天空（＝朝天）的辣椒（＝椒）」之意，也就是朝上方結果的辣椒。近來，在日本也常聽到這個品種的名字，例如中國料理店裡，就經常看到宣傳招牌刻意強調「這道菜使用朝天椒」。

不過，在日本市面上見到所謂四川產「朝天椒」，果實幾乎都呈矮胖的圓錐形狀。但我在成都的辣椒市場裡，除了見到這種矮胖型外，還有比「鷹之爪」的果實胖兩倍左右的品種，這兩種矮胖型的辣椒都被當作「朝天椒」銷售。市場裡一家辣椒店說，朝天椒分成兩種。日本市面上常見的是比較渾圓的果實品種，稱作「朝天燈籠椒」；另一種是成都市場裡比較常見的品種，果實形狀有如砲彈，稱作「朝天子彈頭椒」。

這類朝天椒在中國也被視為是比較辛辣的品種。在周達生教授的著作中，提到中國把辣椒分成最辣的「辛辣」、辣度較為溫和的「半辛辣」，以及像青椒這種沒有辣味的「甜椒」三大類[2]。朝天椒是其中屬於辛辣類型的品種。

而且朝天椒的芬芳氣味也大獲好評。荻野大廚形容朝天椒的氣味彷如香蕉一般，充滿了甘甜的果香；也有其他辣椒的研究人員評論朝天椒的氣味猶如花香一般。這種辛辣中帶著甘甜的香氣，正是朝天椒的魅力之一。

香氣迷人的辣椒

果實小巧、辣味強勁，足以匹敵朝天椒的另一種辣椒是「小米辣」（彩頁vii頁）。不過「小米辣」並非品種名稱，而是個頭較小的辣椒品種總稱。在市場裡實際存在兩種被稱作「小米辣」的辣椒，一種是屬於辣椒種（*C. annuum*），長度約五公分的細長型乾燥辣椒。另一種是長約三公分，色澤淺白，以未成熟辣椒果實製成的泡菜（酸味發酵品），看起來應該是小米椒種（*C. frutescens*）。

「蘑菇」是一種果實帶有光澤，形狀與「鷹之爪」有點像，但色澤卻更為鮮豔美麗的辣椒。「蘑菇」原本是菇類的名稱，但是根據荻野大廚的說法，他稱這種辣椒帶有「菇腐壞酸味」的香氣。我在市場裡實際咬了一口品嘗，辣味滿強烈，而且確實帶有類似香菇般的獨特香氣。

「燈籠」（彩頁ii頁）的果實呈肥短的圓錐形。和以朝天椒之名在日本銷售的朝天燈籠椒一樣，取名「燈籠」，形狀與朝天燈籠椒幾乎一模一樣，但是就少了「朝天」兩個字。這或許表示在結果時，果實是向下生長的吧。這種辣椒的辣味溫和，氣味也很芬芳。

「縱椒」是細長的品種，果實風乾以後表面顯得皺巴巴。荻野大廚說這種辣椒一加熱，就會散發出像油炸花生或馬鈴薯時的濃郁香氣。

「二荊條」在四川省也十分知名，是郫縣用於製造豆板醬的品種[3]，「新一代」是四川省重慶市知名美食——辣味鍋料理「重慶火鍋」常用的辣味來源。我實際拿起二荊條辣椒來看，這種辣椒帶有酸豆（tamarind，豆科植物，豆莢中、豆子周圍的漿液帶有酸味，被當作酸味調味料使用）般的甜甜香氣。

荻野大廚告訴我「子彈頭」（彩頁ii頁）帶有山椒般的香氣，而且他也向我說明了各種四川辣椒的香味。四川料理不只利用辣椒的辣味，更運用辣椒香氣來烹調，讓人體會到其中深遠的意境。

「野山椒」之謎

前面介紹的都是我在五塊石綜合市場見到的辣椒，其中屬於小米椒種（*C. frutescens*）的只有醋醃的小米辣一種而已。從前我在西安曾經嘗過果實白綠色的醋醃辣椒，那種辣椒和小米辣同樣都是果實小巧但辣味相當強烈的小米椒種。當時我聽說這種嬌小辣味強勁的辣椒被稱作「野山椒」。

前文中也介紹過，辣椒種（*C. annuum*）普遍種植在溫帶到熱帶的廣大地區，而小米椒種僅栽種在熱帶、亞熱帶地區。根據京都大學榮譽教授矢澤進的調查，位於四川省南邊的雲南省，在省會昆明一帶栽種的只有辣椒種，一直要到雲南省的南端、西雙版納才見得到小米椒種[4]。

不論是我在五塊石綜合市場見到的「小米椒」，或是在西安品嘗過的綠白色果實的辣椒，其產地真的都在中國的南方嗎？

引用周達生教授的著作《中國栽培植物發展史》[5]的內容，他提到在雲南省西雙版納一帶，有一種稱作「涮辣椒」的一年生辣椒，以及被稱作「小米辣」的多年生辣椒，兩種都屬於原生種，周教授將這些辣椒記載為野生種。這一點也適用於我在西安見到、被稱作「野山椒」的小米椒種辣椒。因為「野山椒」正如其字面所示，是野生辣椒的意思。

但是辣椒原產於中南美洲，不可能有所謂中國原生的野生種。對於這一點，周達生教授認為所謂的原生，可能應將之視作栽培種野生化所造成，但是基於南美洲與亞洲存在共通的野生植物種的案例，這些小米椒種依然有可能屬於野生種。

3　四川料理中口味刺激的一品料理

三道招牌料理——水煮牛肉、夫妻肺片、口水雞

再回到四川料理的主題。

在日本，麻婆豆腐、回鍋肉都是受歡迎的四川料理，但是除此之外還有其他的「川味名菜」存在。

例如「水煮牛肉」就是一道招牌菜。

這道菜雖然名叫「水煮」，但絕不是汆燙肉片而已，而是以加了辣椒、花椒的劇辣湯頭煮牛肉、蔬菜。根據我在成都買的料理書[6]記載，這道菜原本是四川省以製鹽業聞名的自貢市的料理。據說這道菜最早始於北宋時期，當在製鹽廠裡工作的牛死了以後，當地人就將牛肉加鹽煮熟食用。裡頭加些花椒，後來又增加了辣椒，才逐漸演變成今日的辛辣水煮牛肉料理。

「夫妻肺片」（彩頁vii頁）也是四川的招牌料理之一。它是將牛胃、牛心等內臟肉以及牛腱烹調以後切片，以含有大量辣油的醬料涼拌，成為一道辛辣的涼拌料理。

「夫妻肺片」這道料理的名稱十分特別。根據荻野大廚的解說，這道菜誕生於清朝末年的成都，是一對夫婦經營的餐館裡的知名料理。這對夫婦因為料理中所使用的食材為內臟肉等原本要丟棄的部位，所以將之命名為「夫妻廢片」，以「粗材細料」（利用不起眼的食材烹調出美味料理）作為宣傳而生意興隆。後來因為食物用「廢」這個字不甚恰當，所以改採同音字「肺」，儘管實際上並未使用肺的部位，還是改名為「夫妻肺片」。在日本，利用內臟肉烹調的料理稱做「Horumon」，其緣由來自於把要扔掉的部位＝要放掉的東西（horumono）＝「Horumon」當作食材，兩者之間有些類似。

「口水雞」（彩頁vii頁）是一道很有名的涼拌料理，在日語中稱作「Yodaredori」（流口水的雞）。這個名稱的起源，據說是四川省出身的政治家兼文學家、詩人、歷史學家的郭沫若，他在著作中寫到，光是想起兒時吃過的家鄉雞肉料理就會流口水，因而被命名「口水雞」。我在訪問成都郊外的農村時，曾接受招待嘗過口水雞。那道菜使用了大量的綠色青花椒，吃起來特別麻口，而且上面撒滿了大量的生辣椒。這道菜充滿了雙倍的強烈刺激，即使到了今天，想起來還是會忍不住流口水。

頂級辣椒料理「辣子雞」

談到四川料理一定少不了重慶市的料理。一般都知道重慶市有各式各樣刺激性的菜餚。其中以整鍋辣椒紅通通的湯頭煮各式食材的「火鍋」發源於重慶市，是全四川省的人氣料理。

重慶市還有一道知名的料理就是「辣子雞」（彩頁vii頁）。我在十多年前因為工作到北京時，有機會在一家冠有「重慶」大名的知名飯店裡用餐。在那一次，餐廳推薦的「最頂級辣椒料理」就是「辣子雞」。

辣子雞乍看模樣怪異，因為端上桌來的是一盤如小山一樣的辣椒。但是一挖開辣椒山，雞肉就出現在眼前。辣子雞說起來就是「辣椒雞」，是一道將大量的辣椒與炸過的雞肉一起炒過的料理。當然裡面也添加了許多花椒，雞肉吸收了辣椒的辣味與花椒的風味，入口雖然很辣，但入喉以後的後韻美味無窮。

敏感的舌尖與層次豐富的調味

辣椒的「辣」（＝辛辣味）與花椒的「麻」（麻嘴的感覺）迸發雙重刺激，這種又辣又麻的感覺，正是讓人難以擺脫川菜的魅力所在。不丹王國也是個習慣大量使用山椒與辣椒的國家，但是四川省的做法又更勝一籌，對麻、辣的調味更加講究。

對於不丹王國大量使用辣椒的狀況，我推測是因為在不丹的飲食習慣中，早在辣椒傳入以前就很喜愛食用山椒。在四川省等中國西南地區之所以大量使用辣椒，應該也是基於相同的原因吧。

不過，為什麼辣椒未取代掉山椒呢？這應該是四川省居民在面對辣椒普遍傳來時，不認為單一調味的刺激感足夠，因此未曾放棄山椒。為什麼會這樣呢？

我實際在四川省嘗過各種料理後，深深感覺這兩種不同的刺激搭配在一起時味道十分和諧。辣椒強大而直接的辣味，加上山椒在口中蔓延開的麻味，讓料理尤其可口美味。當辣椒傳入四川時，恐怕四川居民早就察覺這兩種刺激的相乘效果以及兩種口味搭配起來的愉悅口感。除此之外，再加上豆板醬、泡菜等的發酵食品，就可以創造出柔和且多層次的味道。這應該就是在辣椒普及以後，四川人未曾捨棄山椒的理由吧。

四川料理雖然以辛辣聞名，但並非所有料理的調味都是辣的。據說四川料理有二十三種調味方式，所以在中國境內，四川料理不是因為辛辣而為人所知，更受關注的是其調味的多樣性，以及調味的巧妙[7]。正因為四川人是調味高手，所以他們才能透過舌尖感受到辣椒與山椒和諧的搭配，讓四川人成為辛辣料理的達人吧。

4　朝鮮半島

朝鮮半島的辣椒若在日本栽種會出現何種變化？

辣椒之旅到達中國四川省以後，距離日本的路程也愈來愈近了。不過，在抵達日本以前必須先造訪一個重要的辣椒文化圈。不用多說，這個地方當然就是朝鮮半島。今天泡菜（Kimchi）已經成為日本最常見的辣椒料理前五名，泡菜誕生於朝鮮半島可說無人不知無人不曉。

不過，朝鮮半島的辣椒文化對日本人來說或許有一種既近又遠的感覺。在地理位置上朝鮮距離日本很近，但是他們的辣椒文化與日本的辣椒文化卻毫無相似之處。

我經常被問到三個有關朝鮮半島辣椒文化的問題。

一個是「朝鮮半島的辣椒拿到日本栽種會變得太辣又不好吃，這件事是真的嗎？」因為有一本關於美食的漫畫裡曾經提過這一點，所以就成了我常被提問的題目之一。

正如本書中反覆提到辣椒的辣度，也就是辣椒果實所含的辣椒素（capsaicin）多寡，深受栽培時的環境左右。辣椒素含量會因肥料的種類以及肥料的使用量而改變，開花時所承受的壓力也會改變辣味。所以即使是同一個品種，栽種在日本和韓國兩種不同的環境下，辣味強度自然不一樣，這也是理所當然的事。

不過栽種在日本是否就一定比種在韓國辣？也很難輕易斷言。辣味與環境的關係極為複雜，無法一概而論。除了辣味外，果實裡是否同時存在甜味、酸味？這些甜酸味的質感與程度都會直接影響到辣味的效果。當然甜味、酸味等要素也會隨著栽種環境產生大幅改變。

不過，有一點倒是可以確定，不管是日本的辣椒或是朝鮮半島的辣椒，只要栽種在不同的土壤、氣候下，辣椒原本應有的味道也會消失，改變。在來品種經歷過長年累月的淘汰殘存下來，是最符合當地土地環境的品種。產自該地區，當地居民就能選擇在品質最美味的時候採收果實。

韓國與日本的「辣椒鄰國問題」

第二個我經常被問到的問題是：「日本與韓國明明是相鄰的兩個國家，為什麼辣椒的用量相差這麼多？」

關於這個謎題，為什麼兩個相鄰的國家中，其中一國、一個地區的百姓有使用辣椒的飲食習慣，另一國、另一個地區的百姓卻不太吃辣，這個問題實在很難回答。不過在現實中，泰國與柬埔寨之間就是這個情況。

儘管沒有一個簡單的答案可以概括回應所有的提問，但是就韓國和日本的狀況來看，有一種說法是，我們兩個國家中，一個國家以肉食為主，一個國家以魚食為主，飲食習慣的差異帶來吃辣與不吃辣的結果。換句話說，因為韓國的肉食文化發達，辣椒與肉較為搭調，因此韓國人吃辣椒。相對地，日本是個魚食文化國家，因此採用可以與魚肉和諧搭配的山葵，這樣應該可以說明其中的道理。

但是，肉食比較發達的地區倒也未必嗜吃辛辣料理，因此這個說法並非絕對。順帶一提，過去山葵的生產量少，屬於高級品，想必日本的一般庶民也不太有機會吃到山葵。

對於這道難題，我們必須進一步思考。

辣椒尚未傳入以前的泡菜是什麼顏色？

最後一個提問是：「辣椒傳入朝鮮半島以前，泡菜長什麼樣子？」

如前所述，在李晬光的著作《芝峰類說》中，出現了有關於朝鮮半島辣椒最早的記載，因此辣椒傳入朝鮮半島應該是十六世紀末的事情。最早記載泡菜使用辣椒的紀錄出現在西元一七六六年左右的《增補山林經濟》以及西元一八一五年左右的《閨閤叢書》中。因此，推測朝鮮半島居民吃添加辣椒的泡菜應該是在十八世紀的事情。也就是說，辣椒傳入以後，又經過了相當長的時間才被用於製作泡菜。

國立民族學博物館榮譽教授朝倉敏夫認為，在使用辣椒製作泡菜以前，從七世紀到一〇世紀左右，也就是韓國的統一新羅時代，人們開始將山椒、生薑、橘皮等的辛香料用於料理上，或許這些辛香料被利用在醃漬物上，也就是日後泡菜的原型[8]。而且，韓國人也是在進入十八世紀以後才開始使用製作泡菜不可或缺的蒜頭。

但在西元二〇〇九年二月，韓國出現一套學說，企圖顛覆朝倉教授的泡菜理論，或者應該說，企圖顛覆辣椒的歷史。這篇文章的內容中，竟然是記載著，根據研究結果顯示，在哥倫布發現新大陸以前朝鮮半島就已經有辣椒的存在。

根據韓國報紙《中央日報》的報導，韓國食品研究院與韓國學中央研究院的研究團隊認為，在西元一四三三年發行的《鄉藥集成方》以及西元一四六〇年書寫的《食療纂藥》文獻中，已經出現「椒醬」這個可代表韓國辣椒味噌（＝苦椒醬）的單字，因此他們主張當時的朝鮮半島已經有辣椒了。

倘若這項主張正確，泡菜應該在很早以前就呈紅色的模樣。但是我認為「椒醬」的「椒」，指的應該是山椒而非辣椒。到底事情的真相是怎麼樣呢？

泡菜用的辣椒

泡菜用的辣椒與日本的「鷹之爪」，這兩者何者較辣？

三鷹辣椒的類辣椒素（capsaicinoids）含量為一公克果實中含二〇〇〇～二五〇〇毫克，「鷹之爪」為二五〇〇～三〇〇〇毫克。另一方面，製作泡菜用的韓國辣椒，類辣椒素的含量當然視品種多寡不一，但是在日本可買到的韓國乾燥辣椒中，通常一公克中約含一〇〇〇毫克或甚至更低的類辣椒素。換句話說，韓國泡菜用的辣椒辣度約為三鷹、鷹之爪的二分之一到三分之一左右。

從辣度的觀點來看，日本的辣椒似乎不太適合用來製作泡菜。我聽聞一位業者說，他以自己栽種的鷹之爪製作泡菜，竟然得到「太辣了，根本沒辦法吃」的結論。

把這個說法直接當作結論或許不恰當，但是製作泡菜還是得使用泡菜專用的辣椒。這當中不僅涉及口味，還與顏色相關。泡菜用的辣椒比三鷹或鷹之爪等品種色澤更為豔麗且鮮紅。辣椒的顏色當然也影響到醃製完成的泡菜色澤表現。

為什麼泡菜出現在朝鮮半島而非日本，原因大概出於兩國栽種的辣椒品種不同，存在根本上的差異。

韓國的辣椒產地

在朝鮮半島的飲食文化中，包括泡菜的醃製等都大量使用辣椒。所以讓我們看看韓國的辣椒產地。

西元二〇一五年國立民族學博物館舉辦了「韓日食博」的特展，當時也出版了《韓國食文化讀本》[9]一書，記載現在所知的韓國辣椒產地。我們來一讀書中的介紹。

韓國共分成八個「道」（行政區劃的一種，與北海道的「道」意思差不多），談到韓國的辣椒產地，首先有位於韓國中央、較多山地的忠清北道的槐山與陰城；其次是位於忠清北道西邊、臨黃海的中青南道的青陽。此外，位於忠清北道東邊、面向日本海的慶尚北道的英陽，以及位於忠清南道南邊的全羅北道的高敞與任實，這些地方都是辣椒的產地。

在這些產地當中，慶尚北道的在來品種似乎特別多，因此我就請研究室裡的韓國研究員（當時）朴永俊幫我列出一覽表。這份清單中顯示，在英陽生產的辣椒有「Jilusonchyo」（音譯）和「Shubichyo」（音譯），清道有「Pungakuchyo」，義城有「Kalmichyo」（音譯）等等。另外，位於韓國東北部江原道平昌郡的大和面（「面」指的是與日本的「村」相當的行政區）則有「Defachyo」（音譯）辣椒這種在來品種。

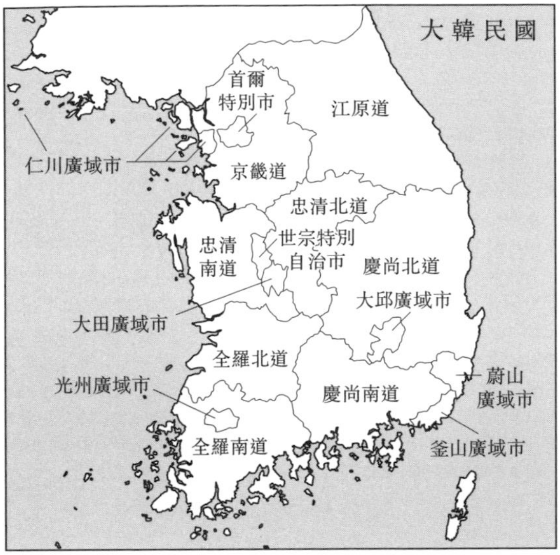

前文列舉出的忠清南道青陽地區，栽種一種「青陽胡椒」（Cheongyang chyo）的品種，

這種辣椒擁有韓國產辣椒當中最頂尖的辣度。即使是嗜吃辣椒的韓國人也和這種辣椒保持距離，頂多切絲加上味噌混合，為食物增添一點辣味時才使用。

韓國料理的深奧

朝鮮半島的辣椒品種中，儘管有「青陽胡椒」（Cheongyang chyo）這類格外劇辣的辣椒，但整體而言辣度還算溫和。製作泡菜用的辣椒辣度並不強烈，有時會將生辣椒沾味噌，就像日本料理「味噌苦瓜」的吃法一樣。

韓國料理的特色不單是辣而已。在韓國料理的調味料中，知名的苦椒醬是將辣椒的粉末加入糯米麴發酵而成。因此，在韓國也有辣椒搭配發酵食品的飲食習慣。泡菜也是一種發酵食品，利用辣椒搭配大醬（大豆發酵製作的味噌）能充分發揮辣椒的刺激效果，為食物創造多重層次的口味與厚實感。

有關韓國辣椒的使用方法，我曾經聽過一段印象深刻的故事。

女子營養大學的守屋亞記子教授是知名的韓國飲食文化研究者，守屋教授說過，在韓國，辣椒不單是提供調味效果的食材，也會用在熬煮高湯上。她的這番話和渡邊大廚說明墨西哥料理特色時的說法不謀而合。

中國四川和朝鮮半島同為辣椒文化的大帝國，在烹調料理時，辣椒不僅用來提供辣味，也為料理創造層次，是極為高明的烹調技術。同樣的情形也存在墨西哥。不過，這些國家之所以能將辣椒文化發展得如此淋漓盡致，最大因素應該和當地栽培出的辣椒極度美味可口有關。

辣椒對栽種的當地人來說，不光是一種帶給自己「辣味」刺激的食物，更大的意義是提供了「口味」的享受。這些品嘗辣椒的人們也不斷在料理上下工夫，精進對辣椒味道的運用——這種辣椒與人之間的關係，似乎成就了朝鮮半島辣椒文化的基礎。

第十二章　意外豐富的日本辣椒文化

1　關於現代日本的辣椒品種概況

現存的在來種有四十個品種

周遊全世界的辣椒之旅，終於來到東方的盡頭——日本。

前文提過，日本在江戶時代已經栽種了相當多的辣椒品種。在平賀源內的《蕃椒譜》中記載了六十一種品種，其中包括了現代已不存在的「梅花」、「九曜」等珍貴品種。前者的果實扁平，宛如梅花花瓣般地分成五瓣，後者的果實則渾圓小巧，是成串結果的辣椒類型。另外，在《享保・元文諸國產物帳》中也記載了日本全國的各種產物，其中包括了辣椒，所有相似的品種名稱整理起來約有八十種品種（參照第二十五頁）。

那麼，到底現代日本有多少品種的辣椒？今日的日本是否依然如江戶時代，栽種了那麼多品種的辣椒並且使用？

目前在日本栽種的辣椒當中，略算約有四十種可列為在來種的品種。這些在來品種從北邊北海道的「札幌」到南邊沖繩的「島唐辛子」，分布在日本全國各地，包含了有辣味到沒辣味的品種、被當作蔬菜使用的品種，擁有多樣多元的口味。不過，這些品種是否真的是自古就存在的在來品種呢？這一點尚未經過科學的認證。同時，其中也可能存在我未曾聽過的在來品種，因此這個數字只是個大概而已。

儘管如此，今日日本的在來品種雖不若江戶時代豐富，但現在生長在日本各地的品種依然種類繁多，這一點倒是毋庸置疑。

辣椒品種名稱的知名度日益高漲

今天若請日本人「舉出你知道的辣椒品種」時，對方回答的品種會有幾種？如果要列舉的是蔥或蘋果、馬鈴薯，想必大家都能講出個幾個品種名稱，但是講到辣椒時，大多數人的答案大概只有鷹之爪、獅子唐辛子之類，寥寥可數吧。日本的辣椒擁有豐富的多樣性，但是知名度卻不高。至少在進入本世紀以前，大部分的日本人甚至不知道辣椒還有品種之分。

不過一般人對於辣椒的認知正在逐漸改變中。我之所以寫到「至少在進入本世紀以前」，是因為其實就在世紀交換之初，有一陣子辣椒的品種問題蔚為話題。日文裡的「激辛」（劇辣）這個辭彙，在西元一九八六年獲得「新語・流行語大賞」的「新語部門銀獎」，從那時候起，民眾對辣椒的關注度也日益升高。在進入二十一世紀以後，辣椒的品種也開始受到矚目。例如哈瓦那辣椒（Habanero chilli）這個外來的劇辣品種，在西元二〇〇三年就有一種零食直接冠名為商品名稱銷售，在這個機緣之下哈瓦那辣椒的名聲也普及開來。

從此，日本各地也開始重新檢視在來作物與傳統蔬菜，各地的縣政府也推動認證制度，成為辣椒品種逐漸打開知名度的契機之一。另外在進入本世紀後，愈來愈多的地方政府引進了品種認證制度，包括西元二〇〇二年岐阜縣，西元二〇〇五年大阪府，西元二〇〇七年長野縣。由於這項制度的助力，過去只有零星栽種、供自家使用的在來品種也開始出現在市場上銷售，店頭也開始標示品種的名稱。

2 代表性品種，鷹之爪與三鷹

此鷹之爪非彼「鷹之爪」

談到日本的代表性辣椒品種，就必須提到鷹之爪與獅子唐辛子。不過，鷹之爪這個名稱比較像是乾燥辣椒的代名詞，而不只是個品種的名稱。最常見的一個例子是料理食譜的記載方式。食譜中的材料若記載「鷹之爪」，並非指定鷹之爪這個品種，而是指一般的乾辣椒。從這個事實可以看出，大多數的日本人可能不知道有一種辣椒品種叫做鷹之爪。

為什麼會出現這樣的狀況？這恐怕是因為鷹之爪在日本的辣味辣椒中太過出類拔萃之故。事實上，在平賀源內的《蕃椒譜》中也記載了鷹之爪不論是口味、香氣、辣味，在口感上都是第一名，可見在當時就被視為優秀的品種。

不過，站在品種的角度看鷹之爪時，會發現鷹之爪藏著很多謎題。

今天若向大型種苗公司購買現成的「鷹之爪辣椒」種子時，栽種出來的植株會長出五~六公分、向上成串結果的果實。但事實上，這樣的果實與真正的鷹之爪大相逕庭。

例如《蕃椒譜》中記載「所有鷹之爪都朝天結果，形狀甚小，可愛之至」，表示鷹之爪是一種果實非常小的品種。除此之外，西元一九五四年九州農業試驗場園藝部（當時）熊澤三郎發表的論文[1]中記載，鷹之爪雖然向上結實，但是並非成串結果，而是一節一節地結實，果實長度約二．七公分，辣味極為強烈。事實上，在大阪府的堺市有一家七味唐辛子的老店——山津辻田，該店在將近百年間一直維持自家栽採的做法，持續栽種鷹之爪。他們的鷹之爪品種正如書籍、文獻的記載，並非成串結果，而是一節一節地長出一顆顆小巧的果實，辣味強烈，香味極佳，這應該才是真正的鷹之爪。

不過在熊澤三郎的論文中也記載了「成串的鷹之爪」系統。而且，蔬菜試驗場久留米分部（當時）的興津伸二在西元一九八四年所發表的論文[2]中，記載了其所使用的實驗材料除了有一節一節結果的鷹之爪外，還有成串結果的鷹之爪。看來，在昭和年代結束以前談到「鷹之爪」時，雖以「一節節地結果」為主流，但似乎也存在「成串結果」的類型。不過，熊澤三郎與興津伸二在論文中所記載的成串結果型鷹之爪到底是何種系統，至今仍不得而知。

不過，目前一般在市面上流通、市售的鷹之爪種子到底是什麼樣的品種呢？過去紀錄裡的鷹之爪果實都比山津辻田店家所栽種的大上許多，從這一點來看，市售

（左）以市售的種子栽種出的鷹之爪（成串結果型）
山津辻田店家所栽種的鷹之爪（一節節結果型）

的鷹之爪種子比較接近「八房」辣椒或三鷹辣椒這類成串結果的品種。經我們實際比較DNA以及進行實驗，所得結果都顯示市售種子的鷹之爪與原本屬小顆果實品種的鷹之爪是不同的品種。原來的鷹之爪可能在某個時候受到八房系品種基因的影響，成為今天市售的種子「鷹之爪」的品種。今日這些在市面上販售的鷹之爪種苗，可能就是出現在前文昭和時代文獻中所記載的，成串結果型鷹之爪的後裔吧。

優良的辣椒品種——三鷹

鷹之爪過去多於關西地區使用，相對地，關東的七味唐辛子與一味唐辛子主要採用八房辣椒和三鷹辣椒。

八房辣椒如前文所述，就是江戶時代的「內藤辣椒」。今日的新宿到四谷一帶地區是過去的知名產地，八房辣椒是自古以來就有的品種。

三鷹辣椒是什麼樣的品種呢？

在《蕃椒譜》與《享保・元文諸國產物帳》這些江戶時代的文獻，以及在明治初期伊藤圭介所著的《蕃椒圖書》中都未見「三鷹」的名稱。但是到了昭和時代的文獻裡就出現了「三鷹」的名字。例如前面提到的九州農業試驗場園藝部（當時）的熊澤三郎，在他的論文[3]中就將辣椒分為六大類的品種群。「愛知三鷹」、「靜岡三鷹」以及「栃木三鷹」這三種有「三鷹」名稱的辣椒被歸類為其中的「八房群」。

「三鷹」這個名稱源自於「三河之國的鷹之爪」。不過，三鷹辣椒的祖先恐怕不是一節節結果型的鷹之爪，可能是江戶時代已經存在的成串結果型八房辣椒，再經過明治時代以後的品種所改良的三鷹吧。

另外，現代在日本全國栽培流通的「三鷹」，並不是直接從三河傳播開的品種，大部分都是「栃木三鷹」。

大田原的山丘被染成紅通通一片──「栃木三鷹」

根據一些文獻的記載[4]，通稱為「栃木三鷹」的辣椒，正式名稱為「栃木改良三鷹」。這個品種誕生於栃木縣東北部的大田原市。位於這個城市的吉岡食品工業之創始人吉岡源四郎就是「栃木三鷹」的推手。

在二戰以前，吉岡在東京製造咖哩粉用的辣椒。他在西元一九四一年移居大田原市，專心推動辣椒產地的培育。「栃木三鷹」誕生於二戰結束又經過十年以後的西元一九五五年。「栃木三鷹」是以八房系的「長三鷹」為中心進行交配，然後分離、培育而成。成串結果的辣椒果實成熟期相當一致，方便種植者進行採收工作。這個品種的結果數量豐盛，而且「栃木三鷹」與傳統辣味溫和的八房系辣椒不同，具有十分劇烈的辣味，是一個優秀的品種。吉岡源四郎為了推廣這個新品種，免費提供種子，或者引進我們今日所說的「契作」方式等，採取了各種新的做法。

大田原市的栃木三鷹

透過吉岡源四郎的努力，優良品種「栃木改良三鷹」的產量年年成長，甚至出口到國外。西元一九六三年到達出口的巔峰，當時的出口量高達四三〇〇噸。在吉岡食品工業的紀錄片裡，就記錄了當時大田原和緩的山丘被向上結果的栃木三鷹辣椒染成一片通紅的風景，景色相當震撼。當時主要的出口國家有錫蘭（今日的斯里蘭卡）、美國，紀錄片中也捕捉到錫蘭的經銷商夫妻滿足愉快的表情。

很遺憾地，在日本經濟高度成長以後，從事農業的人口減少，變動匯率市場導入，致使辣椒的出口量逐漸減少，到了西元一九七六年出口降到零。不過，至少在西元一九六〇年代，辣椒曾經是日本主要的出口農產品之一。在那當中，做出貢獻與功勞極大的功臣就是「栃木三鷹」與吉岡源四郎。

今天「栃木三鷹」是一般製作一味唐辛子、七味唐辛子的主要辣椒原料。這應該也是吉岡源四郎曾經免費分發種子的成果之一吧。

3　七味唐辛子的故事

七味唐辛子的三都物語

前面談過「栃木三鷹」與「鷹之爪」是適合一味唐辛子、七味唐辛子的品種，以及自古以來宣傳七味唐辛子時會刻意提及的辣椒品種名稱。七味唐辛子應該是日本辣椒產品的典型代表。

七味唐辛子的歷史悠久，據說，最早是西元一六二五年，辣椒店中島德右衛門在江戶兩國橋附近的藥研堀開始銷售七味唐辛子。七味唐辛子是辣椒傳入日本沒多久後就誕生的商品。日本最早的七味唐辛子由在淺草開設店面的老店「藥研堀中島商店」銷售，代代傳承直到今天，歷史悠久。

另一方面，朝向京都清水寺方向的產寧坂上也有一家七味唐辛子的老店——七味家本鋪[5]。對於出身關西的我來說，從小就熟悉的七味唐辛子味道就是京都七味家本鋪的七味唐辛子。

江戶「藥研堀中島商店」開店約三十年後，在明曆年間（西元一六五五年～一六五八

日本三大七味唐辛子
淺草的藥研堀中島商店、信州善光寺的八幡屋礒五郎、京都的七味家本鋪（左起）

年），一家名為河內屋的茶屋於京都的產寧坂開了一家店，這裡就是七味家本鋪的起點。這家店的目標客群是當時前往清水寺參拜的香客或者前往山科方向的旅人，店家免費幫客人在便當菜餚裡加入調味的辣椒粉，以及提供加了辣椒粉的清湯「辣椒湯」，當時相當受到好評。後來七味唐辛子愈來愈暢銷，店家也在西元一八一六年將屋號改為「七味家」，轉型專賣七味唐辛子。

除了江戶和京都兩家老店外，加上位於信州山光寺門前的「八幡屋礒五郎」，這三家店在不知不覺間開始被稱作是日本的三大七味唐辛子。不過他們的配方如下所示，各不相同。

江戶・藥研堀中島商店：辣椒、麻籽、陳皮、烤辣椒、罌粟籽、山椒粉、黑芝麻。

京都・七味屋本鋪：辣椒、山椒、麻籽、紫蘇、青海苔、白芝麻、黑芝麻。

信州・八幡屋礒五郎：辣椒、山椒、麻籽、紫蘇、陳皮、生薑、黑芝麻。

在這些調味料的成分中，首先吸引人目光的是七味屋本鋪的山椒。相對於其他兩家店的七味唐辛子顏色呈橘紅色，辣椒的顏色明顯，七味屋本鋪的配方可能因為山椒的占比較高，色澤較暗，山椒的香氣也較強烈。事實上，七味屋本鋪對於山椒的處理特別用心，店家還有一條「山椒歉收就掛不出門簾」（無法開門營業）的信條。

前面介紹過，在信州「八幡屋礒五郎」的七味唐辛子配方中，添加了其他兩家都沒有的成分——生薑。由於信州的冬季十分寒冷，因此添加了具有溫暖身體效果的生薑。

麻、蕎麥與辣椒

「八幡屋礒五郎」的創業時間比江戶、京都的店家晚一步，在元文年間（西元一七三六年～一七四一年）才創業[6]。這家店原本經營的是麻的生意，利用將麻運送到江戶後回程的空車，把當時在江戶大受歡迎的七味唐辛子帶回信州銷售。後來除了銷售外，也開始製造七味唐辛子。

過去信州以麻的產地聞名，一直到今天還留有麻績、美麻這些地名。不過，現在已經看不到曾經種植麻的痕跡了。

麻是極為重要的纖維作物，但是所謂的「大麻」具有麻醉成分，因此在二戰以後就由GHQ（駐日盟軍總司令）限制栽種，後來隨著需求減少，信州也不再栽種麻。不過對早期信州的山區以及飲食文化而言，麻占有極為重要的地位。

麻這種植物的成長速度很快，即使在山坡等條件較差的土地也能種植，因此在信州一些無法栽種其他植物的地方栽種了許多麻。麻就此成了信州的名產，而且麻其實還有另外一種效用。

栽種麻的田裡，由於植物間相剋作用，雜草或其他植物難以生長。所謂的植物間相剋作用是指，某種植物會釋放抑制其他植物生長的物質，也就是植物為了建立自己的生存、生長優勢所採取的戰術。不過田地在栽種過具有這種相剋能力的麻以後，只有一種植物能夠正常栽種生長，那就是現在知名的信州名物——蕎麥。

麻在收穫以後，田地見不到任何雜草。過去信州就有一些農家利用這樣的田地種植蕎麥。蕎麥從播種到收穫的栽培期間很短，因此在夏季麻收成後再播種蕎麥也能在秋季收穫。在長野縣一個稱作西山的山區就流傳著「麻後的蕎麥更好吃」的說法，這個以「盛產蕎麥」聞名的地區，其實也是一個「盛產麻」的地區。

七味唐辛子與蕎麥文化之間存在密切的關係。大家都知道，走進蕎麥屋，餐桌上一定擺著七味唐辛子。有一說認為，七味唐辛子是在江戶時代隨著蕎麥文化一起普及開來，即使到了現代，熱呼呼的蕎麥麵裡頭也少不了七味唐辛子，甚至在綜藝節目裡還介紹「（部分）長野縣民連蕎麥涼麵裡都要撒七味唐辛子」（在我認識的信州人裡還真有人這麼做）。

「八幡屋礒五郎」原本是銷售麻的信州商家，後來轉變成為銷售七味唐辛子的商店。這當中包括七味唐辛子中添加了麻籽，再加上在信州，栽種了麻之後還能種植蕎麥等因素，於是七味唐辛子就成了蕎麥麵不可或缺的調味料……在深入探討七味唐辛子歷史的同時，也能將信州的麻、唐辛子（辣椒）、蕎麥三者密切的關係也一併挖掘出來。

八幡屋礒五郎的辣椒

根據西元一九八四年「八幡屋礒五郎」上一代的經營者室賀明所發行的《八幡屋礒五郎的七味唐辛子》這本冊子的記載[7]，過去七味唐辛子所添加的七種調味料都是在善光寺

周邊栽種、採收的材料。陳皮是溫州蜜柑的皮，應該無法在寒冷的信州取得，但是其他的調味料都是在信州採收的材料。室賀明的冊子裡還記載著，後來「八幡屋礒五郎」的各種調味料在追求更好的品質下，也開始向外縣市採購品質更高的原料，關於辣椒的部分則寫道

「從前將靜岡縣天龍川田地裡種植的辣椒全部收購來用。」

為了知道更詳細的情形，後來我直接請教室賀明先生，得知在西元一九五〇年～一九六〇年之間，該店從當時的靜岡縣磐田郡直接採購辣椒，購買的品種是三鷹。在熊澤三郎的論文[8]當中記載了三鷹屬於果實成串結實的八房品種群，包括了愛知三鷹、靜岡三鷹以及栃木三鷹三種的三鷹辣椒。這裡還可以加上「靜岡鷹之爪」、「磐田八房」。室賀明所說的「靜岡縣磐田郡的辣椒」從地理位置的角度來看，指的大概是靜岡三鷹，或者是靜岡鷹之爪、磐田八房的其中一種吧。

講到天龍川沿岸、當時的磐田郡，這個地區距離長野縣的邊界非常近，就相當於今天的靜岡縣濱松市天龍區的水窪與佐久間地區。當我於當地調查時，見到當地至今多多少少還有栽種適合製造七味唐辛子用、朝上成串結果的在來辣椒品種。

而且我也有機會從一位了解該地區歷史的人士口裡，聽說了過去這裡有個從事訪問販賣，進行寄放藥品販售的「富山賣藥商」，他會收購這裡所採收的辣椒。倘若長野的「八幡屋礒五郎」過去是向靜岡縣天龍川沿岸的農家購買辣椒的話，在當中扮演搬運或中間商角色的，或許就是這類藥品銷售的人員。

祈願健康——漢方藥與七味唐辛子

由銷售藥品的人向天龍川沿岸農家收購辣椒，而非透過農產品經銷商或糧食商，這個做法或許不是出自偶然。

過去八房辣椒的知名產地——內藤新宿有很多藥品批發商，而辣椒的集散會經由這些藥品批發商，這些事實在前文中已經談過。感覺從前的日本人雖然不至於會認為辣椒具有藥效，但似乎認為辣椒具有促進健康的效果，對身體有益。七味唐辛子的發明人、辣椒商中島德右衛門是一位漢方研究家，也是藥材商。所以七味唐辛子的靈感其實來自漢方，承襲了中藥方的概念將七種調味料調配成七味唐辛子。

中島德右衛門開發出七味唐辛子的地點位於東京兩國的藥研堀。這個地方的地名中有「藥」這個字，是因為圍繞此地區護城河的斷面形狀跟「藥研」（研槽）、一種磨碎藥材的工具形狀相似得名，所以和藥並無直接關係。不過藥研堀這個地區又被稱作「醫者町」，有很多醫生和藥品批發商。或許在藥研堀地區的藥品批發商中，也存在不少銷售辣椒的商人。

「藥研堀中島商店」的七味唐辛子在淺草的淺草寺大門前販售，因而聞名。其他京都「七味家本鋪」、信州「八幡屋礒五郎」的店鋪也分別位於清水寺和善光寺的大門前。除此之外，在神社、佛寺的大門前、參拜道上也常見有調配、銷售七味的攤位。在江戶時期這種自由旅行受到管制的時代，參拜神社、佛寺算是比較自由的部分。想像一下，當時的神社、佛寺很像現代所謂的主題樂園，也是一種從事休閒活動的地點。想當然爾，在神社、佛寺的大門前一定非常熱鬧。不過雖說是休閒活動，畢竟神社、佛寺是信仰中心，所以人們參拜時也絕對會祈求無病息災。在這些參拜者的眼中，辣椒應該被視為是有益身體健康，非常良好的健康機能性食品。

所以辣椒除了具有藥品的層面外，也因為健康機能性而與神社、佛寺有很深的關係。而且神社、佛寺在日本的辣椒飲食文化的發展上也扮演了重要的角色。

日光的紫蘇捲辣椒

我們介紹了位於東京淺草寺、京都清水寺以及長野善光寺前的日本三大七味唐辛子店家，接下來還要看兩種在寺院、神社門口銷售的辣椒。一個是枥木縣日光東照宮的「紫蘇捲唐辛子」，另外一個是神奈川縣大山阿夫利神社的「大山辣椒」。

枥木縣的日光東照宮是祭祀東照大權現德川家康的神社而眾所周知。在江戶時代，每逢德川家康的忌日四月十七日，幕府將軍以及各個大名、旗本會參拜日光東照宮，稱作「日光社參」。這樣的參拜活動到了江戶時代的後期，更多了一般庶民會前往這個聖地參拜。現在日光東照宮已成為參拜客絡繹不絕的觀光名勝。而在這個地方有一種從將軍到庶民百姓都讚不絕口的日光名產——「紫蘇捲辣椒」，目前製造且銷售的落合商店將之標示為「志卷辣椒」（志そまきとうがらし）。

這個名產是以經過鹽醃的紫蘇葉捲著鹽醃辣椒，享用時，將之切細配飯。我過去在栃木縣下榻時，曾在住宿旅館的早餐嘗過紫蘇捲辣椒。紫蘇的芳香加上刺激的辣椒味道極佳，一大早就吃了好幾碗飯。

紫蘇捲辣椒所採用的辣椒稱作「日光」或者「日光辣椒」，是在來品種，特徵為果實細長。文獻中找不到紫蘇捲辣椒從何時開始成為日光名產，這個名產的源頭至今依然是個謎。但是出現在第一章的佐藤信所寫的江戶後期經濟書籍《經濟要錄》（西元一八二七年）中，有關辣椒的產地就有記載了「辣椒為下野之國日光以及江戶內藤新宿的名產」，所以至少在這個時代，日光早已是辣椒的知名產地。

大山辣椒

位於神奈川縣伊勢西北方的大山（標高一二五二公尺）是一座名山，在山頂上有一座大山阿夫利神社，山腰有大山不動尊大山寺，自古即被認為有阿夫利（＝降雨）的祈雨之神存在而受百姓親近。位於這座山山麓的小易地區從江戶時代中期就開始栽種在來品種「大山辣椒」，別名又作「水引辣椒」。

日光辣椒的果實特徵為形狀細長，與此處的大山辣椒之果實特徵相同，辣度也相去不遠[9]。據說過去信眾參拜大山的寺廟時，住宿宿坊的豆腐料理會以大山辣椒調味，或者當作土產販賣。根據西元二〇一〇年的紀錄，有五家生產者自家種植採摘，繼續栽種大山辣椒傳承這個品種。

日光名產「紫蘇捲辣椒」

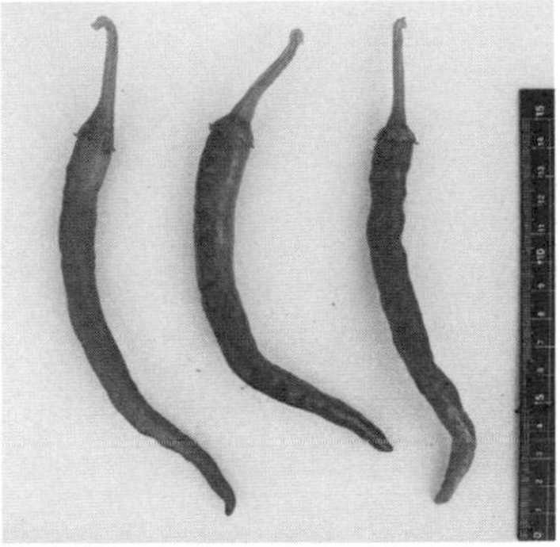

大山辣椒

4　信州的唐辛子文化

在來品種豐富的長野縣

來看看我居住的長野縣的辣椒概況。

因為我本身居住在長野縣，當然必須關注當地的辣椒生態，且長野縣所栽種、傳承的在來品種種類豐富，尤其值得矚目。

前面提過，目前日本栽培四十種的在來品種辣椒，其中在長野縣就栽種了十五個品種。長野縣是個冬季酷寒的地方，擁有漫長的保存食品文化。可能因為這個理由，也有很多辣椒品種傳入長野縣。而且長野縣的土地向南北方向延伸，海拔落差很大，地理條件非常多樣，這可能也是造成在來品種數量豐富的原因。

這些在來品種有的只是農民個人在自家栽培，有些則是整個地區一起生產，種植形態

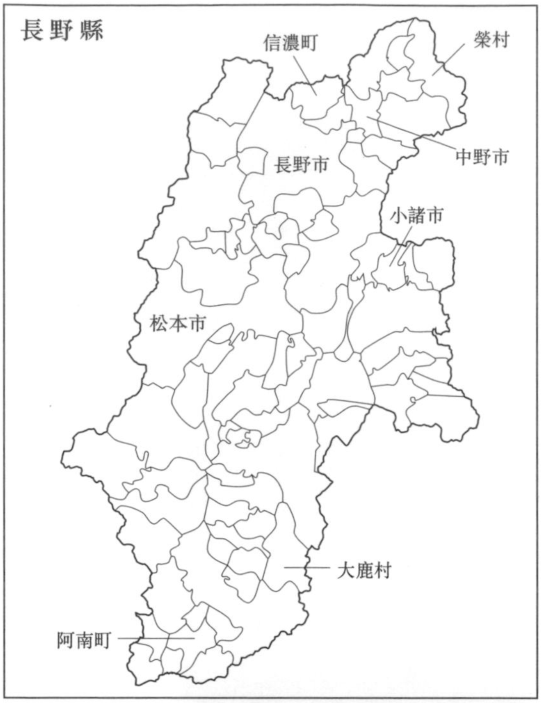

大鹿唐辛子

的類型多元。不過，其中的中野市永江與信濃町的「牡丹胡椒／牡它胡椒」、小諸市的「菱之南蠻」與「空南蠻」、阿南町的「鈴澤南蠻」及榮村的「獅子胡椒」都依長野縣農政部的制度，入選為「信州傳統蔬菜」，且在西元二〇二〇年又新增了大鹿村的「大鹿唐辛子」，共計六個品種。雖然相同的認證制度下也有其他縣的辣椒獲選，但是品種高達六種則是史無前例。

牡丹胡椒與牡它胡椒

牡丹胡椒與牡它胡椒（彩頁viii頁）栽種於中野市永江與信濃町兩個相鄰的地區，看起來品種幾乎一模一樣。它們的果實形狀獨特，近似青椒（green pepper）或紅彩椒（paprika）的模樣，果實的表面有幾條很深的溝紋（皺紋）。這幾條溝會匯集在果實末端，模樣宛如牡丹花一樣，因此得到「牡丹胡椒」的名稱。這裡的「胡椒」指的當然不是黑胡椒、白胡椒之類。在日本某些方言裡稱辣椒為「胡椒」或「南蠻」，這裡的「牡丹胡椒」也是同樣狀況。

有幾份明確的紀錄與證言可以顯示牡丹胡椒在中野市永江落地生根的時期與背景，其

中野市永江的牡丹胡椒

中時期最古老的是出生於西元一九一六年的女性，她在嫁到永江（舊豐田村）鄰村的三水村（今日的飯綱町）時，帶來了牡丹胡椒的種子。當時在鄰近地區應該也有其他類似的狀況存在。至少，確實在那個時候附近一帶已經有牡丹胡椒的種植與使用。

中野市永江地區與信濃町都屬於比較高海拔的地區。永江地區的牡丹生產者團體「斑尾牡丹保存會」的會員們，在標高六〇〇公尺到九〇〇公尺的田地裡栽種牡丹胡椒。根據此保存會的會員所述，若栽種在低於此海拔的田地理，牡丹胡椒果實的辛辣會不均勻，或者果實比較小，或者形狀變形，無法展現出牡丹胡椒應有的優點。另外，信濃町地區的耕地大多在標高六五〇公尺到七五〇公尺的高度之間，牡它胡椒的狀況也相同。

牡丹胡椒與牡它胡椒的果實形狀近似青椒或紅彩椒，但是和青椒或紅彩椒最大的不同在於是否具有辣味。不過牡丹胡椒與牡它胡椒的辣度並不強烈，根據我們分析成分的結果顯示，其辣味成分的含量很低，只有三鷹的五分之一到十分之一。

在談到牡丹胡椒與牡它胡椒的味道時，必須注意一項特徵，就是食用的部位會影響到辣度的感覺。

有別於作為一味唐辛子原料的辣椒品種會被磨成均勻的粉狀，或者個體小巧、一口即可放入口中的品種，牡丹胡椒與牡它胡椒的果實相當大，果實內的類辣椒素（capsaicinoids）分布位置分明。它們的果皮（果肉）部分不含辣味，但是辣味成分集中在果實內的隔壁（分隔果實內部空間的板狀組織）上，吃到這個部位的話會感受到相當強烈的辣味。

若能事先知道果實中辣味集中的部位，不論是嗜辣的人，或者不敢吃辣的人都能安心地享受辣椒果實的美味。在烹調料理時也能將不同部位做不同的運用，調節辛辣程度。

牡丹胡椒與牡它胡椒這類品種的享用方法十分多樣。

隨手做的美味「蔬菜蓋飯」（YATARA）

牡丹胡椒與牡它胡椒通常是在其果實尚未成熟轉紅的綠色階段食用，吃起來帶有爽口

使用牡丹胡椒製作的鄉土料理「蔬菜蓋飯」（YATARA）

的香氣與甘甜，而且溫和恰好的辣味也極為美味。

烹調的方法與食譜的種類很多，這裡介紹其中的幾種。

最推薦的一道料理是稱作「蔬菜蓋飯」（YATARA）的鄉土料理。將材料的牡丹胡椒、圓茄子、蘘荷（Zingiber mioga）以及味噌醃白蘿蔔切細丁涼拌在一起，做法非常簡單。但是蓋在熱熱的白飯上配飯吃時，牡丹辣椒刺激的辣味、蔬菜舒服的氣味以及味噌醃白蘿蔔的鹹味綜合在一起恰到好處，光是這道菜絕對讓人連吃三碗飯。

「醃胡椒」則是本地特有的醃漬物。它是將牡丹胡椒等各種夏季蔬菜以鹽醃漬而成。然後將醃漬剩下的湯汁留待秋冬時再拿來醃白蘿蔔，這麼一來冬天的醃漬物中也帶著夏季蔬菜的香氣與些微的辣味。明明嘴裡吃的是白蘿蔔，但口味卻像是以牡丹胡椒為主軸，真是一道神奇美味的醃漬物。

另外還有保存食品，是將牡丹胡椒切細絲拌味噌的「胡椒味噌」，或者是甜辣味佃煮也都是充滿鄉土氣息的滋味。加上圓茄子和味噌一起炒也非常好吃。

根據我們的調查，牡丹胡椒與牡它胡椒和一般的青椒品種相比，麩胺酸（Glutamic acid）與糖分等甘甜成分的含量較高，在科學上也證明了美味來源的存在[10]。

菱之南蠻與神樂南蠻

在長野縣內以及其周邊還存在其他與牡丹胡椒、牡它胡椒類似的品種。其中之一是入選「信州傳統蔬菜」的菱之南蠻，這個品種與牡丹胡椒、牡它胡椒近似到可說是幾乎相同的品種。不過菱之南蠻是在尚未成熟的階段採收，店頭銷售的果實比牡丹胡椒、牡它胡椒小巧許多，但是基本的果實形態非常相似。

跨越縣境來到新潟縣，中越地區自古就栽培、使用的在來品種是「神樂南蠻」，它也與牡丹胡椒、牡它胡椒非常相似。前面提到的牡丹胡椒生產者集團「斑尾牡丹胡椒保存會」以及神樂南蠻的生產者集團「山古志神樂南蠻保存會」，兩個集團的生產者在見到對方栽種的果實時，都非常驚訝怎會如此相似。嚴格來講，牡丹胡椒的果實內部分成了三個

萎之南蠻與經淺滷過的料理

室，相對地，神樂南蠻的內部則分成四個室，只有這一點差異。不過未必所有的果實的形態都循著相同的規則，因此也無法嚴格地區分。

串連辣椒文化的河流

牡丹胡椒、牡它胡椒以及長得很像的萎之南蠻、神樂南蠻，這些辣椒是否可視為擁有相同的根源？

牡丹胡椒的栽種地中野市永江以及萎之南蠻的栽培地小諸市，儘管同在長野縣內，但是兩者相距甚遠，小諸市位於中野市南邊，距離約四十五公里。神樂南蠻的栽培地長岡市山古志地區位於中野市永江的東北方，距離長達八十公里。為什麼距離這麼遠，自古以來卻栽種著看似相同的品種？

我認為原因在於，小諸市與中野市永江之間距離四十五公里，中野市永江距離長岡市山谷志八十公里，三個相距遙遠的地方之間有一條信濃川（千曲川）貫穿。

千曲川的源頭在長野縣東邊、川上村的山中，河川在長野縣內蜿蜒向北方流去。從長野縣邊界的榮村流入新潟縣津南町後，河川的名稱就從千曲川變成信濃川繼續向前流動，穿越中越地方後，最終在新潟市流入日本海。小諸市、中野市永江地區、山古志地區都在這條河川的流域範圍內，菱之南蠻、牡丹胡椒、牡它胡椒以及神樂南蠻也都分布在這條千曲川／信濃川的流域內。

不過，所有的品種都不是沿著河川種植在河岸，而是稍微遠離河川，栽種在海拔較高一點的地方。推測這可能是河岸附近平坦的農地種植的是生產性較高、較為重要的作物，例如稻子等；辣椒則種植在各個家庭的庭院裡，少量地進行栽種的結果吧。

在從前的日本，河川在物流上扮演著重要的功能。根據日本政府國土交通省的資料顯示，在信越線鐵道整備完成的明治時代末期（原為私人鐵路的北越鐵道國有化，西元一九〇九年、明治四十二年時，從高崎車站到新潟車站之間的鐵路被命名為信越線）以前，航行於信濃川（千曲川）的船運同樣地是物流上的主角。尤其在江戶時代，對於年貢米等的

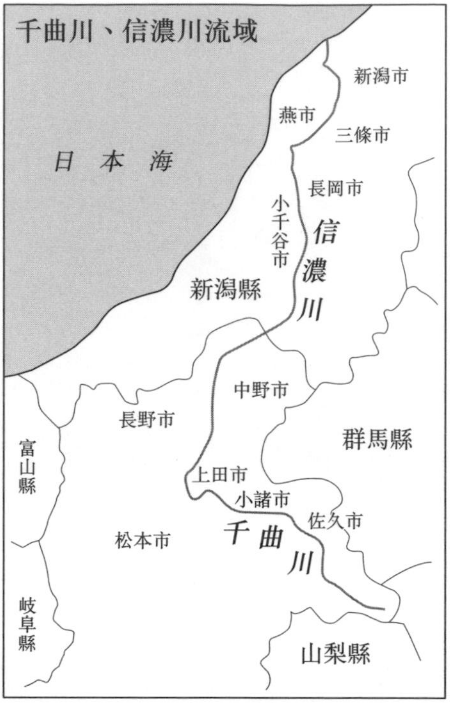

千曲川、信濃川流域

稻米運輸，幕府規定只能使用船舶運送。除了稻米之外，香菸、紡織品、木屐、木材等生產物透過河川被運送到下游。鹽、茶、草蓆還有鮭魚、鱒魚等的海產則被運送到上游地區。

或許神樂南蠻、牡丹胡椒、菱之南蠻的祖先品種，其辣椒籽被放在船東的口袋裡，隨著裝載在信濃川（千曲川）船上的貨物一起被運送到其他地方。不過遺憾的是我並未找到足以證明這情形的文獻，這個想法不過是個推論而已。但是從這些在來品種的分布地區來看，這樣的情況也很自然。作物與品種的分布本來就與該地區的歷史以及人民生活有著密切的關係。

山里的辣椒便當

位於長野線南端的阿南町鈴澤聚落的鈴澤南蠻，也被選為「信州傳統蔬菜」的在來品種。鈴澤南蠻和牡丹胡椒、牡它胡椒不同，果實形狀細長。這種長得如標準辣椒形狀的品種其辣味相當強烈，根據我們的分析結果顯示，辛辣程度勝過枥木三鷹。

在鈴澤聚落裡，早在鈴澤南蠻以前已經有「鈴澤茄子」、「鈴澤瓜」入選為「信州傳統蔬菜」。鈴澤茄子是果實碩大的大型茄子，長約二十公分到二十五公分，是具有果肉Q彈特徵的在來品種。另外，鈴澤瓜並非一般所謂的瓜類，而是比較肥大的黃瓜，果實長達十八公分到二十公分的品種。這兩種蔬菜都是在鈴澤聚落裡自家種植、代代相傳，小心翼翼地傳承下來的品種，可說是今日該地區的珍寶。

鈴澤聚落位於距離阿南町區公所二十公里、海拔約九〇〇公尺的山區。人口超過百分之五十都在六十五歲以上的聚落稱作「限界集落」，鈴澤聚落就是其中之一，這個聚落的存續岌岌可危。據說在二次大戰當中以及戰後，由於擁有豐富的森林資源，因此這裡有許多從事燒碳或林業相關的從業人員。鈴澤南蠻對這些在山裡頭工作的人來說，是便當裡不可或缺的菜餚。

鈴澤的茄子、黃瓜、辣椒（鈴澤南蠻）以及山中勞動者的綠辣椒填味噌的便當

我請在這個地區種植傳統蔬菜的「南信州好人俱樂部」成員市瀨光義先生幫我準備了當時的便當。在一個鋁製的大便當盒中，有三分之二是麥飯，剩下的三分之一是滿滿的味噌，味噌中有乾煎小魚和鈴澤南蠻的綠辣椒，內容非常豪邁。

辣椒自果實中間切開，裡面塞滿味噌。還沒到午餐時間辣椒就充分吸收了味噌的味道，當時的工人們應該就是咀嚼著乾煎小魚再加上味噌的味道，一口一口地扒著麥飯的吧。聽說人們在吃光麥飯以後，會燒一壺山泉水將剩餘的味噌溶解，當成味噌湯喝光。

我享受了這個重現昔日光景的便當，鈴澤南蠻具有衝擊性的勁辣與香氣，與濃郁的自家製味噌味道和諧，讓人不由自主地一口一口扒飯入口。便當的內容乍見之下鹽分似乎太高，但是在山裡工作時時常汗流浹背，這麼多的鹽分或許有其必要。

據市瀨先生的說法，一直到西元一九六〇年代，大家吃的都是這樣的便當。這個便當也讓人深深感受到，在來品種存在於地方的風土、生活與文化當中。

5　京都的辣椒

各地的傳統蔬菜認證制度

前面介紹了被選為長野縣「信州傳統蔬菜」的辣椒。當然還有其他舉辦這類傳統蔬菜認定制度的地方政府或地方團體，有許多種被選定的在來品種辣椒。

例如內藤辣椒（＝八房）是由JA東京中央會所核定的「江戶東京蔬菜」，新潟縣中越地方的山古志神樂南蠻被長岡蔬菜品牌協會認定為「長岡蔬菜」。岐阜縣中津川市下野地區的在來品種「味女胡椒」其果實形狀細長，很像棲息在該地區的泥鰍「味女泥鰌」（Niwaella delicata）的形狀，因此仿泥鰍之名命名。這種辣椒被岐阜縣認證為「飛驒．美濃傳統蔬菜」。另外，奈良不辣的辣椒品種「紐辣椒」與「紫辣椒」（彩頁viii頁）則由奈

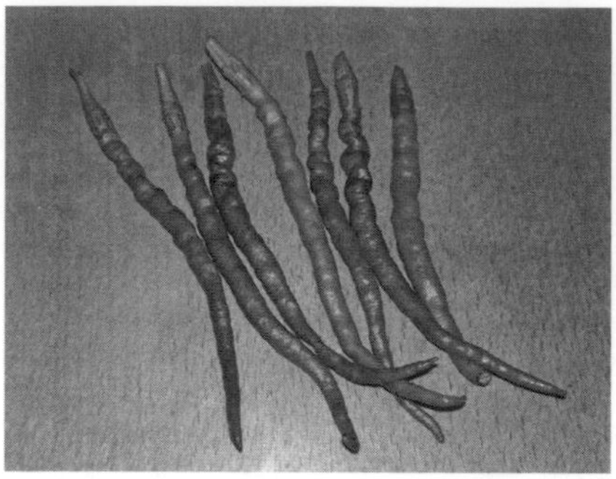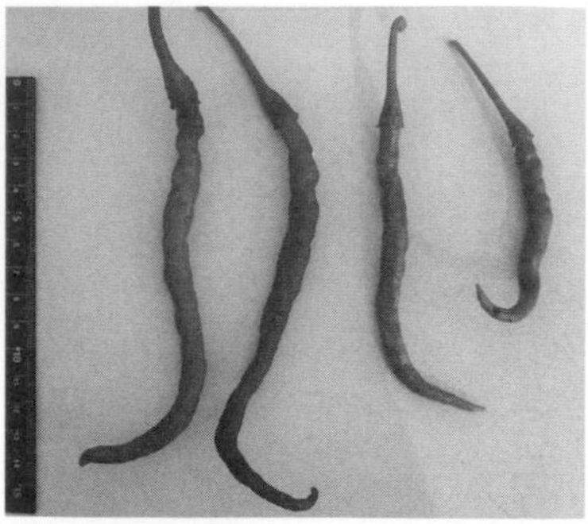

岐阜的「味女胡椒」（左）以及奈良的「紐辣椒」

良縣認證為「大和蔬菜」。

這些認證制度會因主辦團體而出現不同條件，無法概括而論。不過認證制度都扮演著「有地方掛保證」的效果，通常對生產或銷售的活動能產生一定程度的幫助。

最早推廣這種傳統蔬菜認證活動的地區是京都府。

「京都傳統蔬菜」

京都府在推動京都府內的農林畜水產品的品牌時，設定了兩種認證的機制。

第一種機制分為兩種定義，其一為「京都傳統蔬菜」，針對的是在明治時期以前就栽培的在來品種，將之選定為「京都傳統蔬菜」；其二則是針對大正時期以後引進的準在來品種「京都準傳統蔬菜」。截至西元二〇一九年十二月為止，前者共有三十七個品項（含絕種品種兩種），後者有三個品項。在「京都傳統蔬菜」中有「田中辣椒」、「伏見辣椒」兩種辣椒；「京都準傳統蔬菜」有「鷹峰辣椒」、「萬願寺辣椒」。

第二種機制稱作「京都品牌產品」。京都府嚴格篩選出能代表京都形象，同時在安心、安全以及環保的條件下收成的農林水產品，並且符合①能確保適當的出貨單位量；②品質與規格統一；③相對於其他產地具有優勢、獨特性的三項要件的產物進行認定。獲得認定的產品在出貨時，可以貼上代表京都品牌產品的標示「京標章」銷售。

有三十一種品項獲得認定為「京都品牌產品」，其中辣椒有伏見辣椒與萬願寺辣椒兩個品種，但被選為「京都傳統蔬菜」的田中辣椒、鷹峰辣椒並未入列。

接下來將談談伏見辣椒、田中辣椒、鷹峰辣椒、萬願寺辣椒這四種京都在來品種，不過儘管這四個品種都屬於辣椒，但全部都無辣味，或者是辣味極為溫和的蔬菜用品種。

伏見辣椒的今昔

伏見辣椒（彩頁viii頁）是唯一同時獲選為「京都傳統蔬菜」以及「京都品牌產品」的辣椒。伏見辣椒正如其名，是產於京都市伏見以及其周邊地區的在來品種，果實形狀細長，長約十五公分，因此又被稱作「伏見甘長」。

前文中也提過，伏見自古就是知名的辣椒產地，在江戶時代前期松江重賴所寫的《毛吹草》（西元一六四五年）以及歷史學家黑川道祐所寫的《雍州府志》（西元一六八四年）都有相關的記載。但是如前所述，在平賀源內的時代（西元一七〇〇年代）、江戶時代的中期，沒有辣味的辣椒非常稀少，因此至少在那之前，人們栽種的辣椒都是具有辣味的品種。例如當時應該存在目前已經很難見到的辣味品種「伏見辛」，所以當時在伏見一帶栽種的應該是這類的辛辣品種。推估今日的伏見甘長應該是當時從辛辣的辣椒當中篩選出不辣的個體栽培，或者是從其他地方所引進的品種，造就了今天的伏見甘長。

除此之外，當時伏見栽種的甜味辣椒不僅限於現在這類細長果實的品種，還有不同果實形狀的品種。這個說法的根據是在國立研究開發法人農業與食品產業技術總合研究機構、遺傳資源中心的基因資源銀行（Gene Bank）中，保存了在京都蒐集到、名為「伏見甘」的基因資源。此基因資源分成「長系」與「短系」兩類。我實際取得種子進行栽培實驗後，確認長系的果實長約十五～十七公分，短系的果實比較短，長約七．五公分。在熟知京都蔬菜的菊池昌治[11]的文章中記載，伏見辣椒有果實約十五公分的長形，以及約十公分的短型兩種，與基因資源銀行所保存的系統狀況一致。在昭和年間，基因資源銀行蒐集、保存這些基因資源時，伏見甘此一名稱至少就有兩個種類的「伏見甘」存在。

儘管過去伏見地區曾經栽培辛辣品種的辣椒，但曾幾何時甜味辣椒開始崛起，而且其中果實細長的品種一直流傳到現在。「伏見甘長」在經歷漫長的時光，受到當地人們的生活與飲食文化影響，一直傳承至今成為伏見的代表性辣椒，蔚為主流。

獅子唐辛子的源頭——田中辣椒

田中辣椒與伏見辣椒同樣獲得「京都傳統蔬菜」認證。這個品種的果實長約五公分，肥短而小巧，前端圓鈍呈現「獅子頭」的形狀，因此據說過去被稱作「獅子頭辣椒」。

根據京都府立大學榮譽教授高嶋四郎教授的說法[12]，田中辣椒是明治初期、愛宕郡田中村（今日的左京區田中）的農民牧伊三郎從滋賀縣攜回種子開始栽培。後來，隨著田中地區的都市化發展，栽培日益困難，栽培的主要地區遷移到左京區修學院、一乘谷地區一帶，但生產量因為病毒的蔓延而減少。

田中辣椒的種子一直到昭和初期為止都沒外傳到他處，因此其他地區都無人栽種。不過後來其種子流傳到各地，在西元一九四〇年代中期被引進到和歌山，再由和歌山傳到日本全國各地。據說這就是所謂獅子唐辛子的起源。

另一方面，本家源頭的田中辣椒生產量雖然銳減，但是在二戰前山科區四宮一帶又重新栽種，而以「山科辣椒」（彩頁viii頁）廣為人知。不過今日在京都市場裡見到的山科辣椒果實前端突起，並非獅子頭的形狀，似乎與原來的田中辣椒不太一樣。

鷹峰辣椒與萬願寺辣椒

獲得京都府認定為「京都準傳統蔬菜」的辣椒，也就是在大正時期以後才引進京都栽種的傳統蔬菜，有鷹峰辣椒以及萬願寺辣椒。

鷹峰辣椒（彩圖viii頁）是從西元一九四三年起開始在京都市北區鷹峰栽種的品種。其果實比伏見辣椒更肥大，形狀呈流線型，是果實厚實的品種。

另一方面，儘管只被列為「京都準傳統蔬菜」，但是萬願寺辣椒（彩頁viii）今日被視為是京都蔬菜的代表之一。

這個品種的果實長約十五公分，重約十五公克，是大型果實的品種。橫切時，在切斷

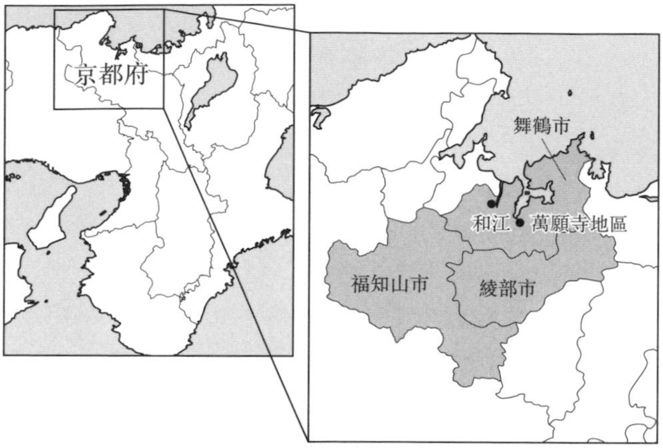

面上呈現略為扁平的形狀，而且在果實上側（蒂的方向）有些腰身。根據這項形態上的特徵，推測萬願寺辣椒是伏見群的辣椒品種與「加州奇蹟」（California Wonder）系的甜椒品種交配誕生的品種。

有關萬願寺辣椒的起源地，在高嶋四郎教授的著作裡[13]，他主張是在京都府加佐郡丸八江村和江地區（今日的舞鶴市和江）。另有一說是從大正末期到昭和初期，舞鶴市中筋的萬願寺地區。

今天即使在京都府內，栽種萬願寺辣椒的地區也只剩舞鶴市、綾部市、福知山市而已。萬願寺辣椒的果實厚實，烤一烤加點醬油與柴魚片吃也很好吃，炒過也很美味。我曾經有在栽種實驗的菜園裡，直接拿起剛採收的水嫩果實啃咬的經驗，味道甜得驚人，而且口感爽脆，讓人想一口氣吃上好幾顆。

傳統與技術的融合——京都萬願寺二號

萬願寺的果實非常美味，但是過去跟獅子唐辛子有相同的缺點，結實時會因為栽種期間的壓力等，造成果實出現強烈的辣味。為了解決這個問題，西元二〇一一年京都府農林水產技術中心生物資源研究中心開發出「京都萬願寺二號」。

京都萬願寺二號

這個品種是以完全不會產生類辣椒素（capsaicinoids）的青椒品種與萬願寺辣椒交配所得的孫代，也就是從F2世代的群體中，找出與青椒品種相仿、擁有不會產生辣味基因的個體，然後以該個體的花再度與願萬寺辣椒的花粉交配，也就是反覆進行數次逆代雜交（backcrossing）與分子標記輔助育種（Marker-assisted Selection）培育而成[14]。重點是，由於這個品種承傳青椒品種的基因，完全不具備產生辣味的能力，但除此以外所有的特徵都來自於萬願寺辣椒。

萬願寺辣椒雖然是傳統且很優秀的品種，但是在作物的栽培上，仍然存有光靠傳統無法解決的部分。京都萬願寺二號就是利用技術彌補了這個部分，可說是融合了技術與傳統產生的結晶。

「栽培」與「飲食文化」的雙主軸

書寫至此，介紹了日本各地自古傳承下來的各種辣椒在來品種。不過「古老」與「傳統」未必是兩個同義詞，「愈老愈好」也不是真理。

例如在長野縣的「信州傳統蔬菜」制度中，不光是「古老」就夠，農作物必須符合以下所有要件才會入選。第一個要件是「由地方的風土氣候孕育，在昭和三〇年代（西元一九五五年～一九六四年）以前就栽種的品種」；其次是「存在與該品種相關、傳承信州飲食文化的活動食物、鄉土食物」；第三點是「該蔬菜固有的品種特性很明確」。

其中，我最重視的，也是一直列為評估對象的就是飲食文化。

一種傳統蔬菜、在來品種之所以能夠經年累月傳承下來，是因為人們配合各個地區的氣候風土以及文化，代代栽種。也意味著這個品種是經歷況日費時的品種改良，才滿足了該地區的栽種環境、居民的生活習慣、口味的喜好、烹調的方便性等等的因素，形成今日的辣椒形態。談到「在來辣椒的傳統」時，所謂的「傳統」其實是栽培的歷史與其飲食文化的歷史，兩者是一體兩面。

實際造訪現場進行調查時會發現，傳統蔬菜、在來作物和當地的傳統料理經常是配套存在的。長野縣中野市永江的牡丹胡椒與利用牡丹胡椒烹調的「蔬菜蓋飯」（YATARA）就是一個活生生的例子。

製作美味可口的「蔬菜蓋飯」時，少了牡丹胡椒就不行。唯有使用牡丹胡椒製作才能產生那麼美味的味道，若使用鷹之爪，味道會太辣無法入口，若以普通的青椒製作則會讓人覺得少了什麼。少了那種蔬菜、作物，料理就無法達成應有的口味——也就是還存在今日的傳統蔬菜、在來作物，很多都無法以一般的品種取代。正因為一個品種的作物與一種料理、一種飲食文化關係密切，也大大提高了該品種長久傳承的機率。

現在的農業變化劇烈。地球暖化之下，病蟲害增加，經濟與流通的問題等等為農作物帶來各種的威脅。自古傳承下來的傳統蔬菜與在來農作物也很難逃過一劫。思考如何突破這種變化時，也須一迸思考栽種與飲食文化才行。在這樣的考量之下，如有必要，可像萬願寺辣椒一樣進行品種改良，積極地採取對策。

即使是經過品種改良的新辣椒，只要與飲食文化之間產生深厚的關連，就能展開新的

「傳統」。「飲食文化」的需求會改變「栽種」，「栽培」的發展更豐富了「飲食文化」。不論是老品種或新品種，唯有在「栽種」與「飲食文化」的兩個主軸齊備之下方能繼續前進。

旅途終點

從辣椒的起源地南美洲環繞地球一圈來到了日本，我們看到了世界各地的人們在栽種辣椒時，按照其氣候風土或自己的生活形態、喜好，經年累月培育出當地獨一無二的品種。然後將辣椒結合自己的飲食習慣，終於發展出一套別具特色的傳統鄉土料理，讓這些辣椒得已傳承至今日。

但是仔細想想，這個情形也可視為是辣椒從南美洲擴散至世界各地，在這個傳播的過程中也改變了人們的生活與飲食習慣。辣椒曾經為了讓鳥類成為它的種子傳播者，而在果實內產生辣味，在各種生物中選擇性讓鳥類食用它的果實。但是那股刺激性的口味吸引了人類，讓辣椒傳播到全世界。人類以為自己是在「栽種、利用」辣椒，但事實上或許是人類為辣椒所利用。

*

在我的研究室裡，每年由數名大學生、研究生一起栽種約一千株的辣椒，作為各項研究的材料。每年一千株的樣本讓我們年年都能獲得新的發現，也激發我們想要更深入調查、更加強研究的欲望。這當中沒有一項研究是光靠我一個人的力量完成。我在教書、開會以及其他雜物忙碌的行程中，把所有辣椒栽培管理的工作全部交給大學部與研究所的學生，對他們非常不好意思。

我的辣椒研究若少了眾人的支持就無法繼續，都是託這些為數不多、但稱得上是「辣椒研究夥伴」的同伴協助方能成立。同時，也得到過去一步一腳印不斷研究，留下珍貴成果的各位前輩，以及年輕的研究人員們的幫助。對於「年輕的研究人員」這個表達方式，絕對不含看輕他們的意思，在他們當中有極為優秀的人才，我在從事研究的工作上也從他們身上學習很多。

在我著手書寫這本書的過程中，我再度深深感受到必須對這些「辣椒研究夥伴」的教授前輩，以及已經畢業的研究室大學部、研究所學生表達謝意才是。

*

在我的辣椒研究中，有一項工作是以亞洲為中心蒐集世界上的辣椒在來品種。進行這項工作就像是「辣椒宅男」的行為，但是這項研究的目的是將採集到的在來品種之遺傳基因資源當作未來品種改良的親種，或者是作為各種研究的材料運用。其中具體的工作流程包括，將這些在來品種帶回日本以後，透過栽培實驗評估該品種的特徵，將所得資料與種子保存在日本和採集當地國家的種子銀行裡。本書當中也提過，我從西元二〇一四年起就參與日本農林水產省的亞洲遺傳資源計畫，與尼泊爾、柬埔寨以及緬甸等各個國家的國立農業研究機關共同進行尋找蒐集的工作。

這些田野調查的工作不僅針對辣椒，也包括哈蜜瓜、小黃瓜等瓜科作物、莧菜籽等的雜糧類以及豆類等作物，每次的調查都由各自專精的研究人員同行。在當地進行探索時，由於是團隊聯合作業，有些作物的種類會因為蒐集的時期不對、氣候、居民的性格以及特殊狀況等問題，無法隨心所欲地蒐集種子。不過辣椒的話，不論在哪裡的農家或市場都可輕易見到，在我過去蒐集樣本上倒未經歷什麼困難。在熱帶、亞熱帶地區的村落裡，通常農家的院子裡都會種上幾棵辣椒，以便煮菜需要時隨時都能採摘。若果實的數量豐富時，農家也會放在屋頂上風乾保存，以便沒有辣椒結果的時期使用。對每個家庭來說，辣椒是每日飲食中不可或缺的辛香料，或者被當作蔬菜使用。從這點來看，這意味著這種帶有刺激性味道的農作物已經徹底滲透到當地的飲食文化深層。

我的專門領域是辣椒這種植物的育種與遺傳研究，但是辣椒受人類使用而傳播到世界各地，分化成為擁有各種品種的作物，有鑑於此，我們的研究工作也不能忽略掉文化層面的角度。我的看法是，雖然我們做的是分析遺傳基因與進行品種改良，但是同時必須考慮居住在這個品種生根成長的地區擁有何種飲食文化。在本書中，我也從文化、科學雙向檢驗了辣椒傳播的道路，介紹了各種辛辣飲食的文化，但是關於辣椒還有許多問題有待未來釐清。

在此我重新下定決心，未來仍然會繼續深入探究辣椒與辣味的學問，並以此作為本書的結語。

註

〈第一部〉

【第一章】

1 鄭大聲「朝鮮の食文化としての香辛料」、石毛直道編『論集　東アジアの食事文化』（平凡社、一九八五年、pp.441-469）

2 竹内美代「日本食文化における唐辛子受容とその変遷」（日本生活学会編『生活学　食の一〇〇年』、ドメス出版、二〇〇一年、pp.145-173）

3 山本宗立「日本のトウガラシ品種」（山本紀夫編著『トウガラシ讃歌』、八坂書房、二〇一〇年、pp.247-255）

4 芳賀善次郎『新宿の今昔』（紀伊国屋書店、一九七〇年）

5 飯島秀明「日本の唐がらし王吉岡源四郎物語」（『モノ・マガジン』No.401、二〇〇〇年、pp.85-90）

【第二章】

1 Linda Perry, Ruth Dickau, Sonia Zarrillo, Irene Holst, Deborah M. Pearsall, Dolores R. Piperno, Mary Jane Berman, Richard G. Cooke, Kurt Rademaker, Anthony J. Ranere, J. Scott Raymond, Daniel H. Sandweiss, Franz Scaramelli, Kay Tarble, James A. Zeidler, "Starch Fossils and the Domestication and Dispersal of Chili Peppers (Capsicum spp. L.) in the Americas" in Science, 2007, Vol. 315, Issue 5814, pp.986-988.

2 M. J. McLeod, Sheldon I. Guttman, W. Hardy Eshbaugh, "Early evolution of chili peppers (Capsicum)" in Economic Botany, 1982, vol.36, no.4, pp.361-368.

3 Brian M. Walsh, Sara B. Hoot, "Phylogenetic relationships of Capsicum (Solanaceae) using DNA sequences from two noncoding regions: the chloroplast atpB-rbcL spacer region and nuclear waxy introns" in International Journal of Plant Sciences 162, 2001.

pp.1409-1418.

4 Kraig H. Kraft, Cecil H. Brown, Gary P. Nabhan, Eike Luedeling, José de Jesús Luna Ruiz, Geo Coppens d' Eeckenbrugge, Robert J. Hijmans, Paul Gepts, "Multiple lines of evidence for the origin of domesticated chili pepper, Capsicum annuum, in Mexico" in PNAS, 2013, vol.111, no.17, pp.6165-6170.

5 Sota Yamamoto, Tutie Djarwaningsih, Harry Wiriadinata, "History and Distribution of Capsicum chinense in Indonesia" in Tropical Agriculture and Development, 2014, vol.58, no.3, pp.94-101.

6 畠山佳奈実、鈴木直樹、根本和洋、松永啓、友岡憲彦、南峰夫、松島憲一「マレーシア西海岸地域より収集したトウガラシ(Capsicum spp.) 遺伝資源の評価」(『熱帯農業研究』、二〇一七年、一〇号(別2)：pp.23-24)

7 矢澤進「雲南の野菜―豊富な種類、多様な品種をめぐって」、佐々木高明編『雲南の照葉樹林のもとで』(日本放送出版協会、一九八四年、pp.71-92)

矢澤進「トウガラシ―伝播経路」、日本農芸化学会編『世界を制覇した植物たち 神が与えたスーパーファミリーソラナム』(学会出版センター、一九九七年、pp.131-147)

8 Sota Yamamoto, Eiji Nawata, "Morphological characters and numerical taxonomic study of Capsicum frutescens in Southeast and East Asia" in Tropics, 2004, vol.14 no.1, pp.111-121.

Sota Yamamoto, Eiji Nawata, "Capsicum frutescens L. in Southeast and East Asia, and its dispersal routes into Japan" in Economic Botany, 2005, vol.59, no.1, pp.18-28.

Sota Yamamoto, Eiji Nawata, "The germination characteristics of Capsicum frutescens L. on the Ryukyu Islands and the domestication stages of C. frutescens L. in Southeast Asia" in Tropical Agriculture, 2006, vol.50, pp.142-153.

Sota Yamamoto, Eiji Nawata, "Use of Capsicum frutescens L. by the indigenous peoples of Taiwan and the Batanes Islands" in Economic Botany, 2009, vol.63, pp.43-59.

Sota Yamamoto, Tetsuo Matsumoto, Eiji Nawata, "Capsicum use in Cambodia: The continental region of Southeast Asia is not related to the dispersal route of C. frutescens in the Ryukyu Islands" in Economic Botany, 2011, vol.65, pp.27-43.

9　松島憲一、辻旭弘、Orapin Saritnum、南峰夫、根本和洋、池野雅文「トウガラシ（Capsicum spp.）遺伝資源の特性評価」（『信州大学農学部ＡＦＣ報告』、二〇〇九年、七号、pp.77-86）

10　同前論、pp.77-86

小仁所邦彦、南峰夫、松島憲一、根本和洋「トウガラシ属（Capsicum spp.）におけるカプサイシノイドの種間および種内変異の解析」（『園芸学研究』、二〇〇五年、四巻二号、pp.153-158）

11　広瀬忠彦、浮田定利、高嶋四郎「トウガラシの近縁種について」（『西京大学学術報告農学』、一九五七年、九号、pp.13-22）

太田泰雄「トウガラシの辛味に関する生理学的ならびに遺伝学的研究Ⅲ　辛味成分の生成消長」（『遺伝學雑誌』、一九六二年、三七巻一号、pp.86-90）

現代農業編集部「辛トウガラシ世界一うまい「ロコト」」（『現代農業』、二〇〇二年二月号、p.108）

12　Sota Yamamoto, Tutie Djarwaningsih, Harry Wiriadinata, "Distribution and cultivation practices of Capsicum pubescens on the islands of Java, Sumatra, and Sulawesi, Indonesia" in The Journal of Island Studies, 2016, Vol.17, no.1, pp.67-87.

13　カート・マイケル・フリーズ、クレイグ・クラフト、ゲイリー・ポール・ナバーン、田内しょうこ訳『トウガラシの叫び〈食の危機〉最前線をゆく』（春秋社、二〇一二年）

［第三章］

1　Joshua J. Tewksbury, Gary P. Nabhan, "Directed deterrence by capsaicin in chilies" in Nature, 2001, vol.412, pp.403-404.

2　Joshua J. Tewksbury, Karen M. Reagan, Noelle J. Machnicki, Tomás A. Carlo, David C. Haak, Alejandra Lorena Calderón Peñaloza, Douglas J. Leve, "Evolutionary ecology of pungency in wild chilies" in PNAS, 2008, vol.105, no.33, pp.11808-11811.

3 David C. Haak, Leslie A. McGinnis, Douglas J. Levey, Joshua J. Tewksbury, "Why are not all chilies hot? A trade-off limits pungency" in Proceedings of The Royal Society B, 2012, Vol.279, pp.2012-2017.

4 ゲイリー・ポール・ナブハン、栗木さつき（訳）『辛いもの好きにはわけがある—美食の進化論—』（ランダムハウス講談社、二〇〇五年）

【第四章】

1 杉山立志、志手真人、藤野廣春、辰尾良秋、中村佐紀子、覚正信徳、伊藤昌夫、横田秀夫、加瀬究、黒崎文也「カプサイシン含有率と隔壁表面積計測によるトウガラシ果実におけるカプサイシン生合成能の評価」（『Plant Morphology』、二〇〇六年、一八巻一号、pp.75-82）

2 Yoshiyuki Tanaka, Fumihiro Nakashima, Erasmus Kirii, Tanjuro Goto, Yuichi Yoshida, Ken-ichiro Yasuba, "Difference in capsaicinoid biosynthesis gene expression in the pericarp reveals elevation of capsaicinoid contents in chili peppers (Capsicum chinense)" in Plant Cell Reports, 2017, vol.36, no.2, pp.267-279.

3 豊田美和子、井上国、小仁所邦彦、松島憲一、南峰夫、根本和洋「トウガラシ辛味成分含量の黄熟に伴う変化」（『北陸作物学会報』、一九九九年、三四巻、pp.141-143）

4 川口奏子、松島憲一、室賀豊、中谷まゆみ、南峰夫、根本和洋「土壌成分の違いがトウガラシの生育・収量・辛味成分含量に与える影響」（『園芸学会東海支部大会・第39回長野県園芸研究会合同大会研究発表要旨』、二〇〇八年、p.27）

5 北村和也、松島憲一、川口奏子、南峰夫、根本和洋「窒素およびリンの施用量がトウガラシ辛味成分含量に与える影響」（『園芸学研究　別冊』、二〇一〇年、九号、p.488）

6 小菅貞良、稲垣幸男「蕃椒辛味成分に関する研究（第10報）：施肥と辛味成分含量」（『農産加工技術研究會誌』、一九六一年、八巻六号、pp.297-302）

7 嵯峨紘一「トウガラシ果実の辛味成分に関する研究　無機養分、とくにリンが辛味成分含量におよぼす影響」（『弘前大学農学部学術報告』、一九七二年、一八号、pp.96-106）

8 橘昌司「III—3ピーマン」（園芸学会監修『日本の園芸』、朝倉書店、一九九四年、pp.76-79）

9 吉田裕一、大井美知男、矢澤進「主要野菜の特性一覧」（矢澤進編著『図説野菜新書』、朝倉書店、二〇〇三年、pp.214-233）

10 松島憲一「辛いか甘いかトウガラシ」（『おいしさの科学』企画委員会編『おいしさの科学ｖｏｌ・３　トウガラシの戦略　辛みスパイスのちから』（ＮＴＳ、二〇一二年、p.26-30）

11 松島憲一「トウガラシ栽培における果実の辛味変動とその要因」（『特産種苗』、二〇一五年、二〇号 pp.18-21）

12 桂川あやな、松島憲一、南峰夫、根本和洋、濵渦康範「単為結果が極低辛味系統Ｓ３２１２（Capsicum frutescens）の辛味に与える影響」（『園芸学研究　別冊』、二〇一一年、一〇号、p.352）

畠山佳奈実、朴永俊、根本和洋、南峰夫、松島憲一「単為結果処理によるトウガラシ果実中のcapsaicin, Dihydrocapsaicinおよび Capsiateの増加」（『園芸学研究　別冊』、二〇一六年、一五号、p.174）

13 Keiko Ishikawa, Shiho Sasaki, Hiroshi Matsufuji, Osamu Nunomura, “High ß-carotene and capsaicinoid Contents in Seedless Fruits of ‘Shishitoh’ Pepper” in HortScience, 2004, vol.39, no.1, pp.153-155.

14 María A. Bernal, Antonio A. Calderón, María A. Pedreño, Romualdo Munõz, A. Ros Barceló, F. Merino de Cáceres, “capsaicin Oxidation by Peroxidase from Capsicum annuum (variety Annuum) fruits” in J. Agric Food Chem, 1993, vol.41, no.7, pp.1041-1044.

María A. Bernal, Antonio A. Calderón, María A. Ferrer, F. Merino de Cáceres, A. Ros Barceló, “Oxidation of capsaicin and capsaicin Phenolic Precursors by the Basic Peroxidase Isoenzyme B6 from Hot Pepper” in J. Agric Food Chem, 1995, vol.43, no.2, pp.352-355.

15 Berta Estrada, Federico Pomar, José Díaz, Fuencisla Merino, María A. Bernal, “Pungency level in fruits of the Padron pepper with different water supply” in Scientia Horticulturae 1999, vol.81, issue 4, pp.385-396.

Berta Estrada, María A. Bernal, José Díaz, Federico Pomar, Fuencisla Merino, “Fruit Development in Capsicum annuum: Changes in capsaicin, Lignin, Free Phenolics, and Peroxidase Patterns" in J. Agric Food Chem, 2000, vol.48, no.12, pp.6234-6239.

16 前掲註12

17 藪野友三郎、木下俊郎、村松幹夫、三上哲夫、福田一郎、阪本寧男『植物遺伝学』(朝倉書店、一九八七年)

18 太田泰雄「トウガラシの辛味に関する生理学的ならびに遺伝学的研究V：辛味の遺伝」(『遺伝學雑誌』、一九六二年三七巻二号、pp.169-175)

19 M. Minami, K. Matsushima, A. Ujihara, "Quantitative Analysis of capsaicinoid in Chili Pepper (Capsicum sp.) by High Performance Liquid Chromatograpy — Operating Condition, Sampling and Sample Preparation — " in Journal of the Faculty of Agriculture Shinshu University. 1998, vol.34, issue 2, pp.97-102.

[第五章]

1 Teruo Kawada, Koh-ichiro Hagihara, Kazuo Iwai, "Effects of capsaicin on lipid metabolism in rats fed a high fat diet" in The Journal of Nutrition, 1986, vol.116, isuue 7, pp.1272-1278.

2 C. J. Henry, B. Emery, "Effect of spiced food on metabolic rate" in Human nutrition: clinical nutrition, 1986, vol.40, issue 2, pp.165-168.

3 岩井和夫、渡辺達夫「ヒトでのエネルギー消費効果」(岩井和夫、渡辺達夫編『改訂増補　トウガラシ　辛味の科学』、幸書房、二〇〇八年、pp.147-151)

4 Vadim N. Dedov, Van H. Tran, Colin C. Duke, Mark Connor, MacDonald J. Christie, Sravan Mandadi, Basil D. Roufogalis, "Gingerols: a novel class of vanilloid receptor (VR1) agonists" in British Journal of Pharmacology, 2002, vol.137, issue 6, pp.793-798.

5 石見百江、寺田澄玲、砂原緑、下岡里英、嶋津孝「ショウガの成分がラットのエネルギー代謝に及ぼす効果」(『日本栄養・食糧学会誌』、日本栄養・食糧学会、二〇〇三年、五六巻三号、pp.159-165)

〈第二部〉

［第六章］

1　山本紀夫「中南米から世界へ—コロンブスが持ち帰った香辛料」（山本紀夫編『トウガラシ讃歌』、八坂書房、二〇一〇年、pp.11-36）

2　松島憲一、辻旭弘、Orapin Saritnum、南峰夫、根本和洋、池野雅文「トウガラシ（Capsicum spp.）遺伝資源の特性評価」（『信州大学農学部ＡＦＣ報告』、二〇〇九年七号、pp.77-86）

3　小仁所邦彦、南峰夫、松島憲一、根本和洋「トウガラシ属（Capsicum spp.）におけるカプサイシノイドの種間および種内変異の解析」（『園芸学研究』、二〇〇五年、四巻二号、pp.153-158）

4　Jean Andrews, Peppers: The Domesticated Capsicums, New Edition, University of Texas Press（Austin）, 1995.

5　渡辺庸生『本格メキシコ料理の調理技術　タコス&サルサ』（旭屋出版、二〇〇八年）

6　Jill Norman, Herbs & spices: the cook' s reference, DK publishing（London）, 2002.

7　前掲註3

8　前掲註6

9　アマール・ナージ著、林真理、奥田祐子、山本紀夫訳『トウガラシの文化誌』（晶文社、一九九七年）

10　Dave Dewitt, The Chile Pepper Encyclopedia, William Morrow & Co, Inc.（New York）, 1999.

11　アンドリュー・ドルビー著、樋口幸子訳『スパイスの人類史』（原書房、二〇〇四年、p.240）

12　吉田よし子『香辛料の民族学』（中央公論社、一九八八年）

13　B・S・ドッジ著、白幡節子訳『世界を変えた植物　それはエデンの園から始まった』（八坂書房、一九八八年）

14　前掲註10

15 前掲註11
16 前掲註13
17 前掲註11
18 前掲註12
19 前掲註4
20 渡辺庸生「トウガラシが演出するメキシコ料理」(山本紀夫編著『トウガラシ讃歌』、八坂書房、二〇一〇年、pp.37-44)
21 同前書
前掲註5
22 前掲註6
23 前掲註5
24 同前書
25 前掲註20

[第七章]

1 Berta Estrada, María A. Bernal, José Díaz, Federico Pomar, Fuencisla Merino, "Fruit Development in Capsicum annuum: Changes in capsaicin, Lignin, Free Phenolics, and Peroxidase Patterns" in J. Agric Food Chem., 2000, vol.48, no.12, pp.6234-6239.
2 立石博高「庶民から広がるトウガラシ料理—スペイン」(山本紀夫編著『トウガラシ讃歌』、八坂書房、二〇一〇年、pp.47-55)
3 同前書
4 片岡護『アーリオ オーリオのつくり方』(朝日出版社、一九九四年)

5　同前書
6　デイヴ・デ・ウィット著、富岡由美、須川綾子訳『ルネサンス　料理の饗宴　ダ・ヴィンチの厨房から』（原書房、二〇〇九年）
7　同前書
8　カルロ・ペトリーニ著、石田雅芳訳『スローフードの奇跡　おいしい、きれい、ただしい』（三修社、二〇〇九年）
9　長本和子『イタリア野菜のＡＢＣ（アービーチー）』（小学館、二〇〇四年）
10　渡邊昭子「パプリカ、辛くないトウガラシ!?—ハンガリー」（山本紀夫編著『トウガラシ讃歌』、八坂書房、二〇一〇年、pp.67-76）
11　守屋志保「ルーマニアにおけるトウガラシ栽培とその利用—ルーマニアオルト県スラティナ市の事例から」（平成15年度信州大学大学院農学研究科修士課程学位論文、二〇〇三年）

［第八章］

1　松島憲一「ブルキナファソの農業・農村」（『国際農林業協力』、国際農林業協働協会、一九九九年、二二巻一号、pp.19-23）
松島憲一「コートジボアールの農業・農村」（『国際農林業協力』、国際農林業協働協会、一九九九年、二二巻一〇号、pp.36-43）
2　松島憲一「コートジボアールにおける食用農産物の市場事情」（『熱帯農業』、日本熱帯農業学会、二〇〇一年、四五巻一号、pp.64-74）
3　川田順造「モシ人にとってのトウガラシ—西アフリカ、ブルキナファソ」（山本紀夫編著『トウガラシ讃歌』、八坂書房、二〇一〇年、pp.100-112）
4　池野雅文「とうがらし.COM　ぱーと2　トウガラシの風味を楽しむ!?～西アフリカ・セネガル事情～」（『農耕と園芸』、二〇〇五年三月号、pp.16-18）
5　伊谷樹一「ピリピリと料理の相性—タンザニアのトウガラシ」（山本紀夫編著『トウガラシ讃歌』、八坂書房、二〇一〇年、

pp.125-135)

6 松島憲一 他「トウガラシ遺伝資源の辛味成分」(『長野県園芸研究会第35回研究発表会講演要旨』、長野県園芸研究会、二〇〇四年、pp.80-81)

Susumu Yazawa, Shohei Hirose, "Vegetable production and problems involved therein in the Lake Kivu area, Zaire" in Scientific Reports of the Kyoto Prefectural University. Agriculture, 1989, issue 41, pp.16-39.

7 前掲註4

8 小川了『世界の食文化 11 アフリカ』(農文協、二〇〇四年)

9 前掲註4

10 重田眞義「エチオピアの赤いトウガラシ」(山本紀夫編著『トウガラシ讃歌』、八坂書房、二〇一〇年、pp.113-124)

11 同前書

12 堀内勝「トウガラシはピクルスとハリーサで―アラブ世界」(山本紀夫編著『トウガラシ讃歌』、八坂書房、二〇一〇年、p.89-99)

大塚和夫『世界の食文化 10 アラブ』(農文協、二〇〇七年)

[第九章]

1 松島 他「ネパール産トウガラシ・ダーレクルサニと栽培種トウガラシの類縁関係」(『長野県園芸研究会第36回研究会要旨』、長野県園芸研究会、二〇〇五年、pp.38-39)

2 小仁所邦彦、南峰夫、松島憲一、根本和洋「トウガラシ属(Capsicum spp.)におけるカプサイシノイドの種間および種内変異の解析」(『園芸学研究』、二〇〇五年、四巻二号、pp.153-158)

3 J. Baral, P. W. Bosland, "Genetic Diversity of a Capsicum Germplasm Collection from Nepal as Determined by Randomly Amplified

"Polymorphic DNA Markers" in Journal of the American Society for Horticultural Science, 2002, vol.127, issue 3, pp.318-324.

4 Kinlay Tsering, Kenichi Matsushima, Laxmi Thapa, Mineo Minami, Kazuhiro Nemoto, "Local varieties of chili pepper (Capsicum spp.) in Bhutan" in Research for Tropical Agriculture, 2010, vol.3, ex.1, pp.75-76.

5 小磯千尋、小磯学『世界の食文化・インド』（農文協、二〇〇六年）

6 森枝卓士『カレーライスと日本人』（講談社、一九八九年）

7 岩井和夫、渡辺達夫「辛味の化学構造とレセプター」（岩井和夫、渡辺達夫編『改訂増補　トウガラシ　辛味の科学』、幸書房、二〇〇八年、pp.58-62）

［第一〇章］

1 Paul Rozin, Deborah Schiller, "The nature and acquisition of preference for chili pepper by humans" in Motivation and Emotion, 1980, vol.4, issue 1, pp.77-101.

2 星野龍夫、森枝卓士『食は東南アジアにあり』（弘文堂、一九八四年）

3 同前書

4 松島憲一、松永啓、田中克典、友岡憲彦、高橋有、Simso Theavy、Seang Layheng、Ty Channa「カンボジア西部地域におけるトウガラシ（Capsicum spp.）遺伝資源の探索結果について」（『熱帯農業研究』、二〇一五年、八巻別号一、pp.11-12）

Hiroshi Matsunaga, Kenichi Matsushima, Katsunori Tanaka, Sim Theavy, Seang Lay Heng, Ty Channa, Yu Takahashi, Norihiko Tomooka, "Collaborative Exploration of the Solanaceae and Cucurbitaceae Vegetable Genetic Resources in Cambodia, 2014" in Annual Report on Exploration and Introduction of Plant Genetic Resources, 2015, vol.31, pp.169-187.

畠山佳奈実、松島憲一、松永啓、友岡憲彦、Sakhan Sophany、朴永俊、根本和洋、南峰夫「カンボジア西部地域より収集したトウガラシ（Capsicum spp.）遺伝資源の評価」（『熱帯農業研究』、二〇一六年、九巻別号二、pp.15-16）

【第一一章】

1　周達生『中国の食文化』（創元社、一九八九年）

2　同前書

3　加藤千洋『辣の道：トウガラシ２５００キロの旅』（平凡社、二〇一四年）

4　矢澤進「雲南の野菜―豊富な種類、多様な品種をめぐって」（佐々木高明編著『雲南の照葉樹のもとで』（日本放送出版協会、一九八四年、p.71-92）

5　前掲註1

6　張恕玉編著『麻辣川香』（青島出版、二〇一四年）

7　前掲註5

8　朝倉敏夫『世界の食文化・韓国』（農文協、二〇〇五年）

9　朝倉敏夫、林史樹、守屋亜記子『韓国食文化読本』（国立民族学博物館、二〇一五年）

【第一二章】

1　熊沢三郎、小原赳、二井内清之「本邦に於けるとうがらしの品種分化」（『園芸学会雑誌』、一九五四年、二三巻三号、pp.16-22）

2　興津伸二 他「トウガラシ〝立八房〟、〝辛八房〟、〝細八房〟の育成経過とその特性」（農林水産省野菜・茶業試験場久留米支場編『野菜試験場報告C　久留米』、一九八四年、七号、pp.25-35）

3　前掲註1

4　栃木県輸出とうがらし生産販売連絡協議会『栃木の唐がらし』（栃木県輸出とうがらし生産販売連絡協議会、一九七一年、p.128）

吉岡精一「日本産トウガラシの生産事情」（岩井和夫、渡辺達夫編『改訂増補　トウガラシ　辛味の科学』、幸書房、二〇〇八年、pp.299-305）、飯島秀明「日本の唐がらし王吉岡源四郎物語」（『モノ・マガジン』、二〇〇〇年、四〇一号、pp.85-90）

5　京都百味會編著『京都老舗百年のこだわり』（幻冬舎、二〇〇四年）

6　室賀敦朗、高橋良孝、藤田靖夫、藤田郁子、林芳江『八幡屋礒五郎の七味唐がらし』（信州の旅社、一九八四年）

7　同前書

8　前掲註1

9　北宣裕、曽我綾香、青野信男「神奈川県伊勢原市在来トウガラシの特性」（『神奈川県農業技術センター研究報告』、二〇一〇年、一五三号、pp.11-16）

10　野中大樹、松島憲一、南峰夫、根本和洋、濵渦康範「長野県在来トウガラシ品種'ぼたんこしょう'（Capsicum annuum L.）果実の抗酸化成分および呈味成分の貯蔵中変化」（『園芸学研究』、二〇一二年、一一巻三号、pp.379-385）

11　菊池昌治『現代にいきづく京の伝統野菜』（誠文堂新光社、二〇〇六年）

12　高嶋四郎編著『歳時記　京の伝統野菜と旬野菜』（トンボ出版、二〇〇三年）

13　同前書

14　南山泰宏、古谷規行、稲葉幸司、浅井信一、中澤尚「辛味果実の発生しない甘トウガラシ新品種'京都万願寺2号'の育成」（『園芸学研究』、二〇一二年、一一巻三号、pp.411-416）

参考文獻

【第一章】
山崎峯次郎「唐がらし」(『香辛料IV』、エスビー食品、一九七八年、pp.111-172)
鄭大聲「朝鮮の食文化としての香辛料」(石毛直道編『論集　東アジアの食事文化』、平凡社、一九八五年、pp.441-469)
杉山直儀『江戸時代の野菜の品種』(養賢堂、一九九五年)
矢澤進「トウガラシ—伝播経路」(日本農芸化学会編『世界を制覇した植物たち　神が与えたスーパーファミリーソラナム』、学会出版センター、一九九七年、pp.131-147)
杉山直儀『江戸時代の野菜の栽培と利用』(養賢堂、一九九八年)
竹内美代「日本食文化における唐辛子受容とその変遷」(日本生活学会編『生活学　食の一〇〇年』、ドメス出版、二〇〇一年、pp.145-173)
松島憲一「ニッポンとうがらし物語」(現代風俗研究会編『野菜万歳　風俗学としての農と食』、新宿書房、二〇〇八年、pp.165-178)
矢沢進「トウガラシの生物学」(岩井和夫、渡邊達夫編『改訂増補　トウガラシ　辛味の科学』、幸書房、二〇〇八年、pp.6-19)
山本宗立「薬味・たれの食文化とトウガラシ—日本」(山本紀夫編著『トウガラシ讃歌』、八坂書房、二〇一〇年、pp.235-246)
山本宗立「日本のトウガラシ品種」(山本紀夫編著『トウガラシ讃歌』、八坂書房、二〇一〇年、pp.247-255)

【第五章】
岩井和夫、渡辺達夫編『改訂増補　トウガラシ　辛味の科学』(幸書房、二〇〇八年)
ラルフ・W・モス著、丸山工作訳『朝からキャビアを　科学者セント＝ジェルジの冒険』(岩波書店、一九八九年)

【第七章】

山本紀夫編著『トウガラシ讃歌』（幸書房、二〇一〇年）

【第九章】

西岡京治、西岡里子『ブータン神秘の王国』（NTT出版、一九九八年）

謝詞

在此要感謝為我創造書寫契機的森枝卓士教授，以及講談社的岡本浩睦先生、稻吉稔先生、高橋賢先生耐心引導進度緩慢的我持續寫作。同時也要對與我一起埋頭研究的信州大學農學部植物遺傳育種學研究室的各位教授老師、學生、研究生、畢業生，以及經常指導我新知與技術的辣椒研究夥伴的研究人員、料理人以及相關公司的各位朋友致上我最大的感謝。最後還要向我的家人致謝與致歉，感謝你們包容我這個放蕩的父親。

〔ㄕ〕

十久保南蠻 viii
山科辣椒 viii, 258
神樂南蠻 247-250, 253
涮辣椒 208
獅子胡椒 viii, 243
獅子頭 257, 258

〔ㄖ〕

日光辣椒（日光） 31, 84, 239, 240

〔ㄗ〕

子彈頭 ii, 207
紫辣椒 viii, 253
縱椒 206

〔ㄙ〕

三鷹 57, 75, 108, 111, 112, 164, 188, 199, 217, 218, 227, 228, 245
色特・吉雷・庫沙尼 162
塞拉諾辣椒（Serrano） 108
新一代 207
蘇格蘭圓帽辣椒（Scotch bonnet） 114-116

〔ㄧ〕

印度斷魂椒（Bhut Jolokia） ii, 48, 111, 112
益都 199
鷹之爪 41, 57, 72, 77, 83, 108, 205, 206, 217, 218, 223-228, 231, 262
鷹峰辣椒 viii, 255, 258

〔ㄨ〕

味女胡椒 253, 254
萬願寺辣椒（萬願寺） viii, 69, 82, 255, 258-260

〔ㄩ〕

雲南 199
與野南 viii

〔ㄚ〕

阿克巴・庫沙尼（Akbar khursani），或稱達雷・庫沙尼（Dalle khursani、Jyanmara Khursani、Lange Khursani） vi, 162-165

〔ㄞ〕

埃思佩萊特（Espelette→Piment d'Espelette）辣椒 iv, 118, 130-132
愛知三鷹 228, 236

〔ㄦ〕

二荊條 207

moruga scorpion） 114
莫魯加毒蠍黃色系超級辣辣椒（Trinidad moruga scorpion yellow） 73
墨西哥辣椒（chile jalapeño） ii, 108, 122
彌平辣椒 viii
蘑菇 206

〔ㄈ〕

伏見辣椒（伏見甘長） viii, 34, 69, 82, 84, 255-259

〔ㄉ〕

大山辣椒（水引辣椒） 239-241
大獅子 84
大鹿唐辛子 243
迪阿波辣椒(Chile de arbol) 108
島唐辛子 223
都嘉普辣椒 176
燈籠 ii, 206

〔ㄊ〕

天鷹 199
田中辣椒 255, 257, 258
唐（KARA）胡椒 viii
塔巴斯科（Tabasco） iii, 137

〔ㄋ〕

紐辣椒 253, 254

〔ㄌ〕

栃木三鷹（栃木改良三鷹） 229, 230, 236, 251
菱之南蠻 viii, 247, 248, 249
鈴澤南蠻 viii, 243, 251, 252
鈴鐺辣椒（Cascabel） 108

〔ㄍ〕

高遠TETO南蠻 viii
廣西 199

〔ㄎ〕

卡羅來納死神椒（Carolina Reaper） ii, 113
空南蠻 243

〔ㄏ〕

哈瓦那辣椒（Habanero chilli） ii, 73, 108-115, 224
哈瓦那墨西哥紅色殺手（墨西哥紅色殺手，Red Savina） ii, 110, 111
黃太胡椒 viii

〔ㄐ〕

吉雷・庫沙尼（jire khursani） iii, 161-163, 175
京都萬願寺二號 260
漿果辣椒（ají amarillo） iii, 106, 107
靜岡三鷹 228, 236
靜岡鷹之爪 236

〔ㄑ〕

千里達毒蠍布奇T辣椒（Trinidad scorpion 'Butch T' pepper） ii, 111, 113
其拉卡辣椒（chilaca） 122
青陽胡椒（Cheongyang chyo） 219
清水森南蠻 47

〔ㄒ〕

小青椒（Pimiento de Padrón）（Pimiento de Herbón） 126-129, 177

〔ㄓ〕

主教的冠冕（Bishop Crown） iii, 107
札幌 47, 223

〔ㄔ〕

長三鷹 229
朝天子彈頭椒 205
朝天椒 ii, 199, 204-206
朝天燈籠椒 205, 206

品種的名稱索引

i ~ viii 為彩頁的頁數

[A]

Ardei gras 142-144
Ardei Iute 142-144

[C]

Capia 142

[D]

Defachyo（音譯） 219

[G]

Gogoshary 142

[J]

Jilusonchyo（音譯） 219

[K]

KALIA（音譯） 152
Kalmichyo（音譯） 219
KARNI BU SEU（音譯） 151
KARNI HEN（音譯） 148, 151

[M]

Mate Atisas(音譯) 192
Mate Malay（音譯） 193, 194
Mate Plok（音譯） 193, 194
Mate Sow（音譯） 192, 193

[P]

Peperoncino Rotondo 134
Pilipili mbuzi 148
Pimientos de Gernika 129, 130
Pimientos del Piquillo de Lodosa 128, 130
Poblano（波布拉諾） 108, 120, 121
Prik chee fa 189, 190
Prik Karen 191
Prik Kee Noo iii, 187-191
Prik yak 190
Prik yuak（Prik Won） 190
Pungakuchyo 219

[S]

SB Capmax 111
Sha-Ema 175-177
Shubichyo（音譯） 219

[U]

Ulka Bangara（音譯）（Yangtse-Ema） 176-177

[Y]

Yangtse-Ema→ Ulka Bangara（音譯） 176-177

[ㄅ]

八房 31, 32, 77, 227, 228, 229, 237, 253
本戴・庫沙尼（音譯） 161
貝嘉普辣椒 176

[ㄆ]

磐田八房 236

[ㄇ]

牡丹胡椒 viii, 243-250, 262
牡它胡椒 viii, 243-250
莫魯加毒蠍超級辣辣椒（trinidad

松島憲一

一九六七年出生。信州大學研究所農學研究科碩士班・博士班（農學）畢業。曾任日本農林水產省經濟局國際部技術協力課統籌股長、農林水產省九州農業試驗場綜合研究第一組研究員、農林水產省農村振興局專門官等。目前任職於信州大學農學部副教授。

攝影

酒井あやな＝彩頁iv頁「巴斯克地方」①②

酒井杏奈＝彩頁v頁「匈牙利」①，一四一頁

車田翔平＝彩頁viii頁「全國的辣椒在來品種」

攝影協助

法國料理餐廳ビストロ ラシェット（長野市）＝彩頁iv頁「巴斯克地方」③，一三一頁

義大利料理餐廳 Osteria dei Cioch（伊那市）＝彩頁v頁「義大利」①③

辣椒農家、線上商店 Peppers.jp（安中市）＝彩頁ii頁「黃燈籠辣椒種」③

國家圖書館出版品預行編目(CIP)資料

辣椒的世界：認識世界各地的辣椒種類與料理異趣 / 松島憲一著；黃怡筠譯. -- 初版. -- 臺中市：晨星出版有限公司, 2021.12
面；　公分. -- (知的! ; 192)
譯自：とうがらしの世界
ISBN 978-626-320-003-6(平裝)

1.辣椒 2.品種 3.飲食風俗

435.27　　110016577

填回函
送E-coupon

知的！192

辣椒的世界：認識世界各地的辣椒種類與料理異趣

とうがらしの世界

作者	松島憲一
攝影	酒井あやな、酒井杏奈、車田翔平
攝影協助	ビストロ ラシェット、Osteria dei Cioch、Peppers.jp
譯者	黃怡筠
責任編輯	吳雨書
執行編輯	曾盈慈
封面設計	高鍾琪
美術設計	陳佩幸
負責人	陳銘民
發行所	晨星出版有限公司 407 台中市西屯區工業30路1號1樓 TEL：04-23595820　FAX：04-23550581 Email：service@morningstar.com.tw http://www.morningstar.com.tw 行政院新聞局局版台業字第2500號
法律顧問	陳思成律師
初版	西元2021年12月15日　初版1刷
讀者服務專線	TEL：02-23672044 / 04-23595819#230
讀者傳真專線	FAX：02-23635741 / 04-23595493
讀者專用信箱	service@morningstar.com.tw
網路書店	http://www.morningstar.com.tw
郵政劃撥	15060393（知己圖書股份有限公司）
印刷	上好印刷股份有限公司

定價420元

ISBN 978-626-320-003-6